FRANCE 2050

MARC LOMAZZI

FRANCE 2050

RCP8.5,
Le scénario noir du climat

ALBIN MICHEL

Aux miens.

« Le progrès et la catastrophe sont l'avers
et le revers d'une même médaille. »

Hannah Arendt

Sommaire

Dunkerque
Lille
Le Havre
Reims
Metz
Paris
Nancy
Strasbourg
SEINE
Brest
Rennes
Orléans
VOSGES
Mulhouse
Nantes
Angers
Tours
Dijon
Besançon
LOIRE
JURA
Lyon
Clermont

Introduction

Le 1er juin 2050, 5 heures du matin. Une nuit étouffante s'achève, les Français se rendent à leur travail d'où ils reviendront en fin de matinée pour se protéger du soleil. Au lever du jour, le thermomètre flirtait déjà avec les 25 °C, il franchira 45 °C dans l'après-midi. Les hôpitaux sont en état d'alerte, les rues vidées de leurs passants, les lieux climatisés pris d'assaut, les bars et les restaurants n'ouvriront qu'à la nuit tombée.

Après les pluies diluviennes et les inondations du printemps, une troisième vague de chaleur extrême s'est abattue sur le pays. Malgré les immeubles peints en blanc et la végétalisation des espaces urbains, des pics de 50 °C, température potentiellement mortelle, ont été relevés dans plusieurs grandes villes.

À la radio, les flashs du matin égrènent les infos du jour : de terribles incendies ravagent la Sologne et le Morvan ; un premier cas a été détecté sur notre sol du redoutable virus inoculé par le moustique tropical qui fait trembler l'Europe ; dans le sud du pays en proie à une terrible sécheresse, le rationnement de l'eau met les nerfs de la population à vif. Seule nouvelle réjouissante : en Bretagne, les vendanges promettent, cette année encore, un millésime exceptionnel.

En quelques décennies, la France a été transfigurée par le changement climatique. En 2050, le Midi est parsemé de steppes ; la neige et les glaciers ont presque disparu ; les hêtres ont laissé place aux oliviers, le maïs au sorgho ; des centaines d'espèces locales de poissons, d'oiseaux, d'insectes ont été décimées par la chaleur et les espèces exotiques envahissantes ; la Loire et la Garonne sont à sec ; la montée du niveau de la mer a forcé des milliers d'habitants à se replier à l'intérieur des terres.

Mystérieux RCP8.5

Ce tableau imaginaire d'une France en surchauffe a toutes les allures d'un film catastrophe. Mais un tel scénario est-il vraiment inimaginable ? En 2022, année la plus chaude jamais observée par Météo France, les canicules en série, les sécheresses record, les tornades, les orages de grêle et les feux de forêt d'une violence inouïe ont montré que, malheureusement, il ne relève pas complètement de la science-fiction.

Déjà, la France n'est plus tout à fait le pays de la douceur de vivre. Malgré les – nombreuses – polémiques sur le sujet, une réalité s'impose : le climat change bien sous nos yeux. « Nous nous rapprochons du climat du sud de l'Espagne », confirme le climatologue Jean-Michel Soubeyroux[1], directeur adjoint scientifique du service de climatologie de Météo France. Dès 2050, il pourrait faire aussi chaud à Paris qu'à Madrid ou Séville. Ce scénario noir de l'embrasement climatique, les experts du climat lui ont donné un nom : le RCP8.5.

Que signifie ce sigle mystérieux ? Pour en saisir le sens, il faut se plonger dans les rapports du GIEC dont tout le monde parle mais que personne, ou presque, ne lit. D'ailleurs, le Groupe intergouvernemental d'experts sur le climat de l'ONU a longtemps prêché dans le désert. Lui qui alerte depuis plus de trente ans les responsables politiques mondiaux sur les dangers du réchauffement accéléré de la planète.

Un réchauffement dû, on le sait, aux rejets massifs dans l'atmosphère de gaz à effet de serre anthropiques, liés aux activités humaines. En un siècle et demi, l'essor fulgurant des transports, de l'industrie et de l'agriculture intensive a fait s'envoler la courbe des émissions de $CO_{2,}$ issues de la combustion des énergies fossiles, de méthane et de dioxyde de carbone. Jusqu'à mettre en péril l'écosystème mondial.

Sous tension, la cocotte-minute terrestre risque aujourd'hui de nous exploser à la figure. On a baptisé « Anthropocène » cette époque géologique inédite dans laquelle l'homme a le pouvoir de dérégler le climat, la capacité de s'autodétruire. Mais comment mesure-t-on ce fameux effet de serre et, surtout, comment deviner le sort qu'il réservera à l'humanité ?

Pour fixer les idées, le GIEC a défini des trajectoires possibles de concentrations de gaz à effet de serre, les RCP (*representative concentration pathways*). À partir de là, il a estimé la réponse du climat, calculé le « forçage radiatif », comme disent les scientifiques. De cette donnée exprimée en watts par mètre carré (W/m^2), le GIEC a déduit différents scénarios de réchauffement planétaire auxquels sont associés des facteurs socio-économiques.

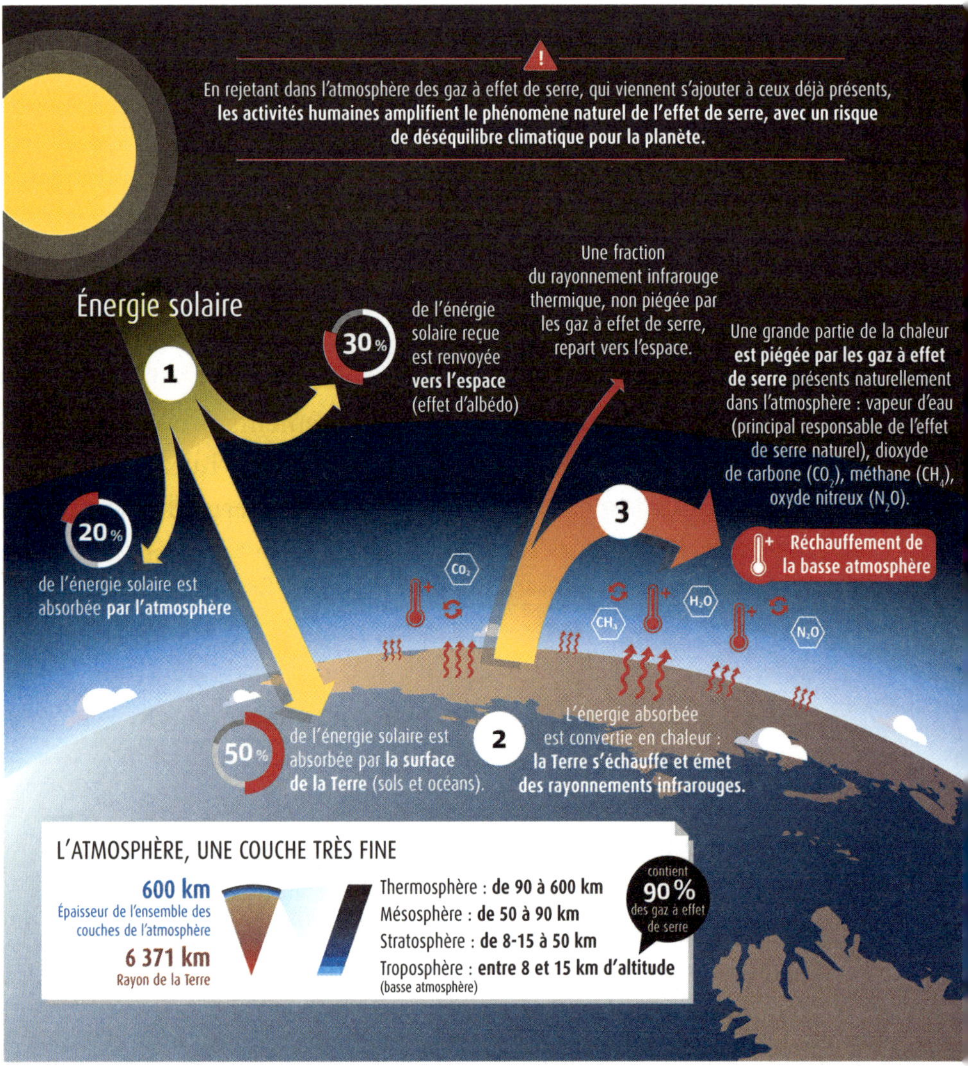

La mécanique de l'effet de serre

La moitié du rayonnement solaire (1) est absorbée par la Terre et réémise sous forme d'infrarouges dans l'atmosphère (2). Mais une partie de ces infrarouges est piégée par les gaz à effet de serre (GES) causés notamment par l'activité humaine (3) et réfléchie vers la Terre. Plus on émet de GES, plus la Terre se réchauffe.

La règle est implacable : plus nous émettons de gaz à effet de serre, plus la Terre se réchauffe, plus il sera difficile d'y habiter. Si nous continuons au rythme actuel, nous serons sur la trajectoire du RCP impliquant le « forçage radiatif » le plus fort, soit 8,5 W/m^2. Le RCP8.5, nous y voilà, c'est le scénario pessimiste. Il mène à un monde plus chaud en 2100 de 5 °C ou 6 °C où régnera le chaos climatique.

Il existe un autre scénario, optimiste celui-là, le RCP2.6, dans lequel le réchauffement de la Terre se limite à + 1,5 °C à la fin du siècle. Il correspond aux engagements pris dans l'accord de Paris sur le climat signé en 2015. Entre les deux, le GIEC a intercalé plusieurs scénarios intermédiaires (RCP4.5, RCP6.0, RCP7.0).

Exit le scénario optimiste

Dans ce livre, vous allez découvrir ce qui nous attend en France en 2050, date à laquelle le réchauffement climatique commencera à donner ses pleins effets, si le RCP8.5 devient réalité. Pourquoi avoir choisi le pire des scénarios ? Ce n'est ni par catastrophisme ni par envie de jouer à se faire peur.

Il se trouve simplement que la planète s'est déjà réchauffée de 1,1 °C et qu'elle aura sans doute franchi le seuil de 1,5 °C dès 2030 et les 2 °C vers 2040. *Exit* donc le scénario optimiste. « On peut oublier l'objectif de 1,5 °C et il n'est pas exclu que l'on dépasse + 4 °C ou + 5 °C à la fin du siècle », soutient le président du Muséum d'histoire naturelle, Bruno David[2].

On s'acheminerait donc bien vers le scénario noir. En France, le réchauffement s'accélère d'ailleurs de façon préoccupante. Le thermomètre a grimpé de + 1,7 °C, et même de + 2,3 °C à Paris, par rapport à l'ère préindustrielle. Et, selon une étude[3] pilotée par le CNRS et Météo France, le mercure pourrait atteindre + 3,8 °C en 2100 dans un scénario modéré d'émissions de gaz à effet de serre. C'est 50 % de plus que prévu et un pas supplémentaire vers le scénario le plus pessimiste.

Pour être prêts à les affronter quand déferleront sur le pays des pluies torrentielles et des vagues de chaleur plus sévères et plus fréquentes que jamais, il vaut donc mieux, dès maintenant, se préparer au pire. Mais à quoi précisément faut-il s'attendre ? Comment le changement climatique va-t-il bouleverser nos paysages et nos vies quotidiennes ?

Pourra-t-on encore fêter Noël sous la neige et chausser les skis en montagne ? Des pans entiers du littoral seront-ils submergés ? Dans un pays à sec, des guerres de l'eau vont-elles éclater et les mégafeux se propager sur tout le territoire ? À quoi ressembleront l'agriculture et notre alimentation dans trente ans ?

Pour répondre à ces questions et dépasser les débats parfois à la limite de l'hystérie que nous avons connus, nous avons épluché des dizaines de rapports. Nous avons rencontré des scientifiques de renom qui ont accepté de nous ouvrir les portes de leur laboratoire… Climatologues, physiciens, géologues, géographes, biologistes, océanographes… ils nous ont aidés à explorer, cartes à l'appui, le futur et à dessiner ce que pourrait être le nouveau visage de la France.

La traversée peut commencer…

1

Fatales canicules

Elle s'appelle *Ostreopsis*. Il ne s'agit pas d'une déesse égyptienne mais d'une microalgue toxique d'origine tropicale qui a quitté la Méditerranée pour aller flotter en 2021 dans les eaux, trop fraîches en principe pour elle, de l'Atlantique.

Quelques années après l'arrivée-surprise de méduses tropicales urticantes dans la Manche, la présence d'*Ostreopsis* dans le golfe de Gascogne est une nouvelle manifestation du réchauffement de la planète. Et une nouvelle preuve des menaces que la crise climatique fait peser sur notre santé.

Certaines de ces menaces sont proprement effrayantes. Ainsi, le réchauffement de l'océan favorise la prolifération dans l'Atlantique nord d'une bactérie porteuse du… choléra. Quant au dégel du pergélisol qui recouvre les régions polaires, il pourrait libérer des milliards de virus, comme celui – redoutable – de la variole, piégés dans la glace.

La France n'est pas épargnée par ces risques climato-sanitaires. Dernier exemple en date : l'Hexagone est envahi d'espèces exotiques, incapables auparavant de survivre sous nos latitudes, qui apportent des maladies tropicales. Pour prendre le cas le plus connu, il n'aura fallu que quelques années au moustique-tigre, vecteur des virus du chikungunya et de la dengue, pour coloniser presque tout le pays.

Ennemi numéro un

Moins médiatisé que le moustique-tigre, en dehors de l'épisode tragique de la canicule de 2003, un autre fléau fait en silence infiniment plus de morts : la chaleur. En fait, si l'on additionne toutes les catastrophes naturelles, huit décès sur dix sont dus aux canicules[1]. « Les fortes chaleurs* sont le risque sanitaire numéro un bien qu'il soit largement sous-estimé dans l'imaginaire collectif », souligne Mathilde Pascal[2], épidémiologiste, cheffe du projet « changement climatique » à Santé publique France.

Jusqu'à la canicule historique de 2003, la plus dramatique en France par son intensité depuis celle de 1911 qui fit

* On distingue les pics de chaleur (épisodes de 24 à 48 heures au cours desquels les températures grimpent très au-dessus des normales de saison), les vagues de chaleur (lorsque les températures nationales excèdent 25,5 °C pendant au moins trois jours) et la canicule proprement dite (pendant au moins trois jours et trois nuits, les températures diurnes et nocturnes dépassant un seuil d'alerte défini département par département).

46 700 morts, le lien entre chaleur et mortalité n'allait pas de soi. Les chercheurs ne s'y intéressaient pas et, même après l'été caniculaire de 1976, le sujet n'avait donné lieu qu'à de rares communications scientifiques.

Il faut attendre 2002 pour qu'un chercheur du CNRS, persuadé que les vagues de chaleur seront à l'avenir plus meurtrières que les vagues de froid, sonne l'alarme. Dans un article[3] aux allures de prophétie, Jean-Pierre Besancenot*, professeur à la fac de médecine de Dijon, prédit en 2002 l'hécatombe qui surviendra un an plus tard : « Des températures se maintenant à un niveau anormalement élevé peuvent faire des centaines, voire des milliers de victimes. »

Il brosse à l'avance le portrait des victimes de la tragédie. Les personnes âgées mais aussi « ceux qui vivent seuls, malades ou grabataires, ceux qui prennent à dose excessive des médicaments [...] et/ou les individus de faible niveau socio-économique, habitant des logements mal ventilés et non climatisés ». En conclusion, il met en garde contre « un accroissement de l'intensité et de la fréquence des vagues de chaleur » et la « forte probabilité » de voir grossir le nombre de morts.

Moins d'un an plus tard, se produisait l'une des pires tragédies sanitaires en France. « Formalisée un peu moins d'un an avant la catastrophe de 2003, une telle analyse revêt presque, *a posteriori*, un caractère prémonitoire », s'étonnera le rapport[4] de la commission d'enquête parlementaire sur la gestion du drame de 2003.

* Jean-Pierre Besancenot est l'auteur de *Climat et santé*, paru en 2015 aux Presses universitaires de France.

Le climat menace déjà six Français sur dix

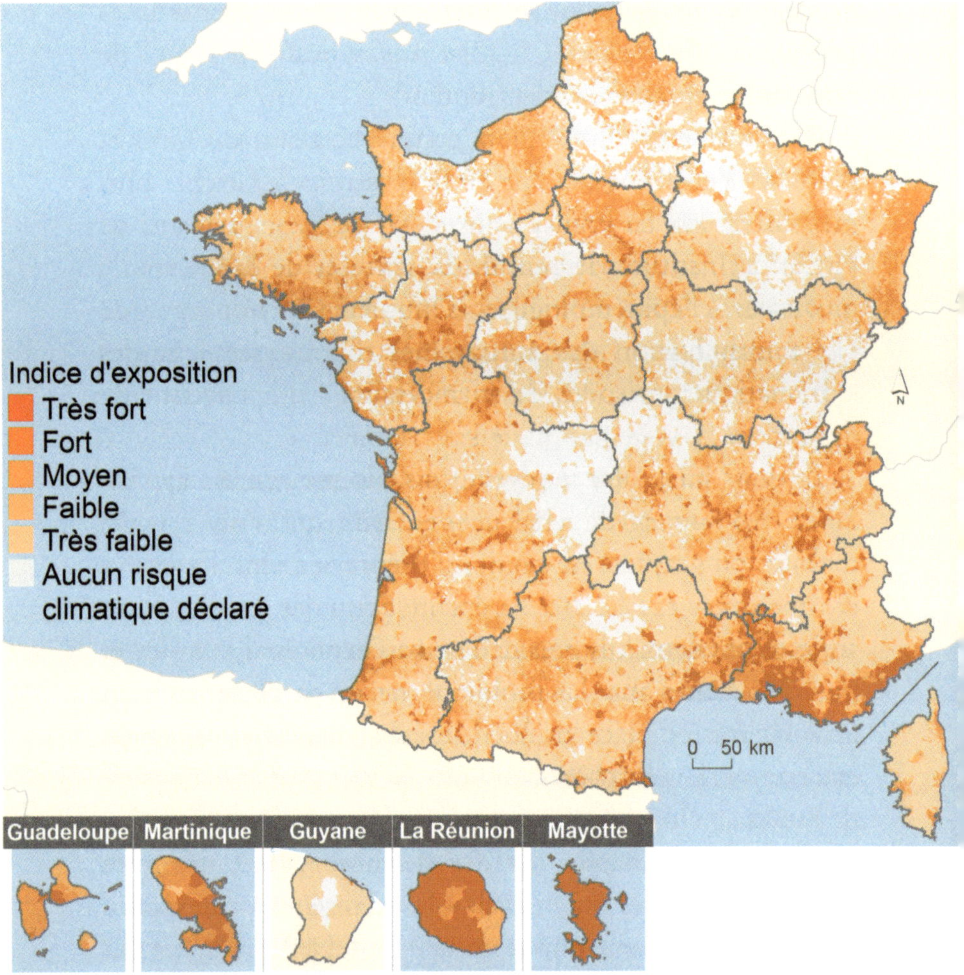

60 % des Français sont d'ores et déjà exposés à des risques de catastrophes naturelles liées au changement climatique (inondations, submersions marines, tempêtes, mouvements de terrain, feux de forêt…) comme les vagues de chaleur.

« Paroxysmes thermiques »

Jean-Pierre Besancenot reprendra la plume dans les mois suivants et renouvellera son avertissement. Après la tragédie de 2003, qui a fait 70 000 morts en Europe dont près de 19 500 en France selon l'état des lieux définitif de l'Inserm (Institut national de la santé et de la recherche médicale), l'épidémologiste s'inquiète à nouveau de « la multiplication des paroxysmes thermiques[5] » et des « dramatiques épisodes de surmortalité » qui risquent de s'ensuivre.

L'avenir lui a, une nouvelle fois, donné raison. Depuis 2003, les vagues de chaleur s'enchaînent à un rythme toujours plus rapide. Au point qu'elles reviennent désormais chaque année et l'été 2022 a encore battu des records. Il y a aujourd'hui deux fois plus de Français exposés aux canicules qu'il y a trente ans. Le problème est qu'en dépit du plan canicule mis en place en 2004, les chaleurs estivales restent extrêmement meurtrières.

Publiée en mai 2021 dans la revue *Nature Climate Change*, une étude coordonnée par des chercheurs de l'université de Berne et de la London School of Hygiene and Tropical Medicine estime que plus d'un tiers (35,2 %) des décès dus à la chaleur en France peuvent être attribués au changement climatique. Dans 18 villes françaises, il tuerait chaque année pendant l'été quelque 200 personnes : 110 à Paris, 24 à Marseille, 18 à Lyon et 12 à Nice.

De son côté, Santé publique France s'est concentrée sur les vagues de chaleur qui ont frappé la France entre 2015 et 2021. Au total, elles ont causé plus de 7 800 morts et

La France exposée à des pics de chaleur extrêmes

1990

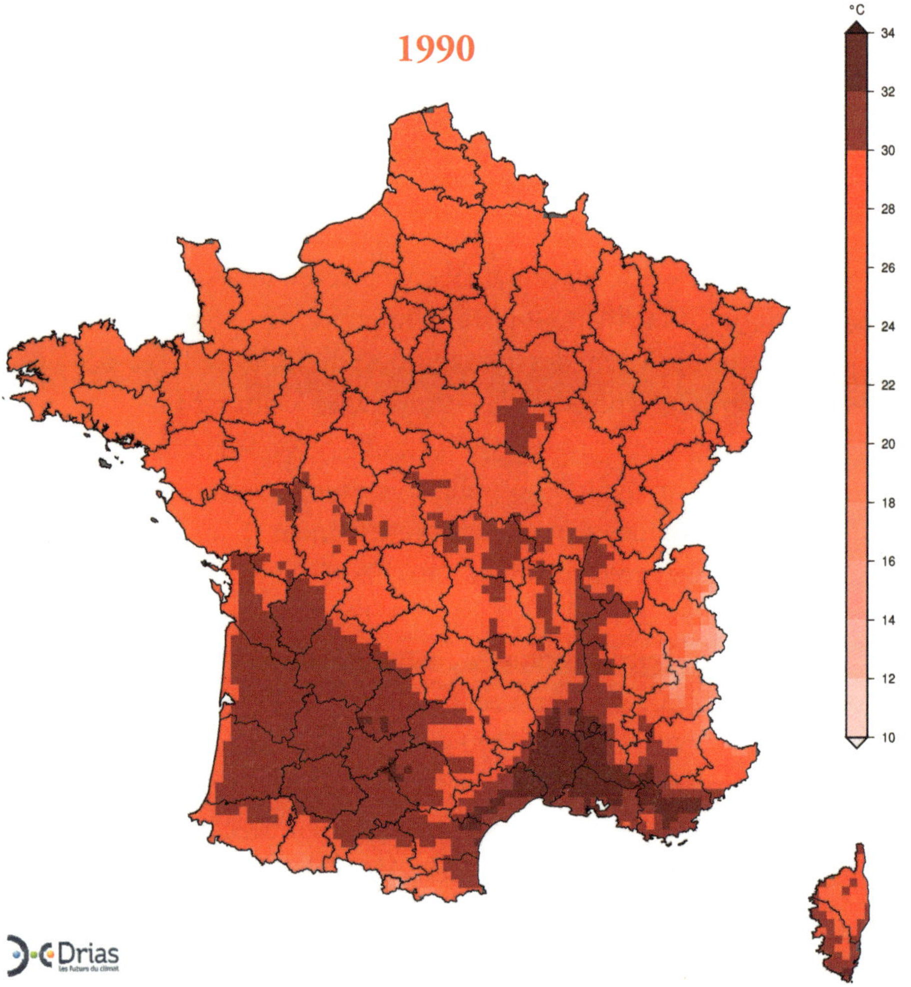

Les températures extrêmes en France en 1990 et en 2055 dans le scénario RCP8.5 (moyennes estivales, 95e centile des valeurs)

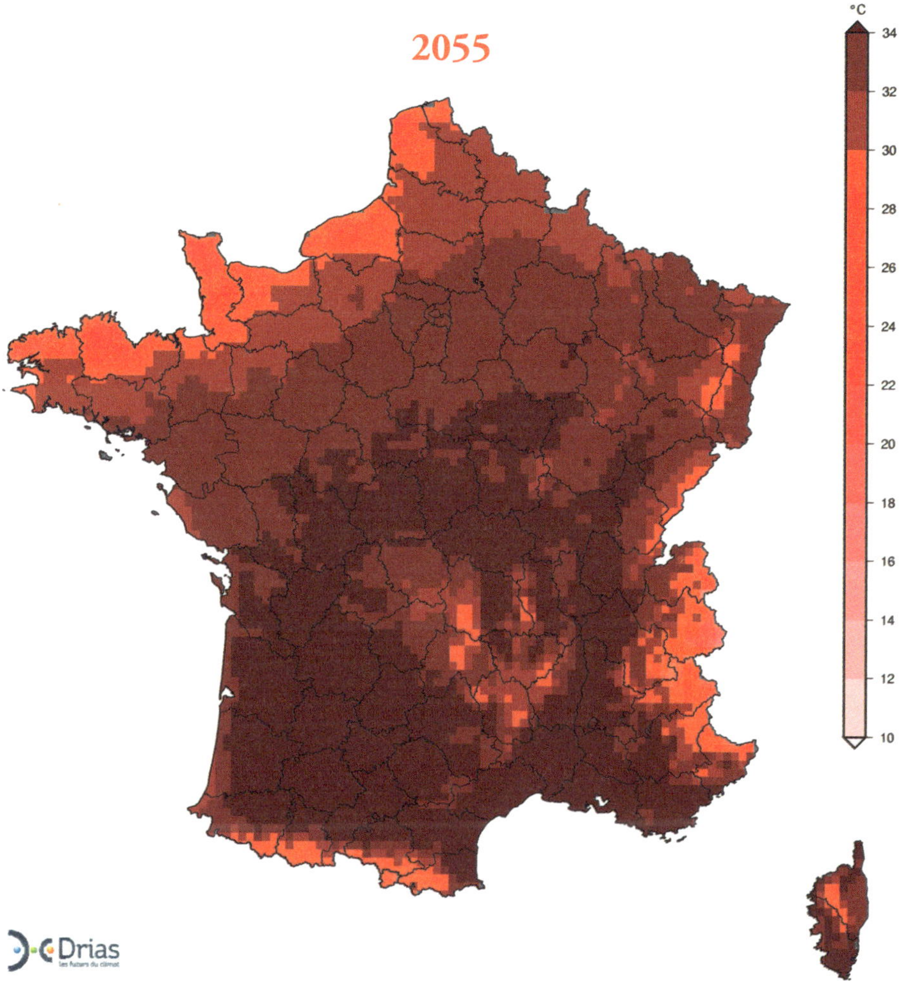
2055
°C
34
32
30
28
26
24
22
20
18
16
14
12
10
Drias
les futurs du climat

envoyé des milliers de personnes souffrant d'insolation, de déshydratation ou de troubles cardiaques aux urgences. Au cours de l'été 2022, la surmortalité exceptionnelle (+ 10 420 décès) s'explique principalement par l'intensité des vagues de chaleur.

Qu'en sera-t-il dans les années à venir ? Devant les députés de la commission d'enquête sur la canicule, Jean-Pierre Besancenot a prédit qu'un été tout aussi brûlant que 2003 pourrait revenir tous les trois à cinq ans au milieu du siècle. Vingt ans plus tard, Mathilde Pascal prolonge la tendance. « Vers la fin du siècle, dit-elle, des canicules semblables à 2003 paraîtront banales. »

Grossesses prématurées

Les répercussions sur la santé publique seront forcément lourdes. La Fondation contre le cancer redoute une hausse de 75 % des tumeurs de la peau d'ici à 2030. Les troubles du sommeil, multipliés par trois lorsque les températures extérieures grimpent au-dessus de 25 °C, vont épuiser les personnes âgées. Allergiques aux ambiances caniculaires, les plus de 75 ans sont déjà près de 900 000[6] à résider dans les zones qui y seront demain les plus exposées.

« Les chaleurs extrêmes auront un impact sur la grossesse, ajoute Mathilde Pascal. On peut craindre à l'avenir un risque plus élevé de grossesses prématurées et des bébés plus chétifs. On sait qu'il existe aussi des effets sur les suicides, la santé mentale et les facultés cognitives. Enfin, les fortes chaleurs vont augmenter les risques d'accidents du travail. »

Surtout, lorsque le mercure grimpe au-dessus d'un certain seuil variable selon les individus, le danger devient tout bonnement mortel. Chez les personnes fragiles exposées à de hautes températures, les mécanismes de thermorégulation (transpiration, augmentation du flux sanguin...) destinés à maintenir la température interne de l'organisme à 37,5 °C se grippent. Le corps s'épuise, ne parvient plus à se refroidir.

Tueur expéditif

Rapidement, la machine humaine donne des signes de surchauffe : déshydratation, hyponatrémie (diminution du taux de sodium dans le sang), hyperthermie dépassant 40 °C, nausées, défaillances rénales ou du foie, malaises, troubles cardiovasculaires, syncope... « Le corps humain supporte la chaleur jusqu'à un certain point. Ensuite ça passe ou ça casse. Quand la limite est franchie, la mort peut survenir en moins de 24 heures », explique Mathilde Pascal.

Les dégâts sanitaires sont d'autant plus difficiles à combattre que la chaleur extrême est un redoutable meurtrier. À la manière des profileurs, l'agence Santé publique France a mené l'enquête dans 18 des plus grandes villes françaises[7] pour en dessiner le portrait-robot. Première observation, le tueur est expéditif. « La mortalité est maximale le jour même de l'exposition. » La chaleur tue vite, ce qui explique l'avalanche de morts dans les tout premiers jours de la canicule exceptionnelle de 2003.

Deuxième constat, il s'agit d'un tueur impitoyable dont la dangerosité augmente au fur et à mesure de la montée du thermomètre. Au-delà d'une température moyenne supportable par les populations qui va de 23 °C à 28 °C selon les villes, « chaque degré supplémentaire se traduit par une augmentation très rapide du risque de décès », pointe l'étude de Santé publique France.

Troisième caractéristique, il s'agit d'un tueur de masse. Pendant les canicules extrêmes, il s'en prend à l'ensemble de la population y compris les jeunes en bonne santé. Le reste du temps, il cible ses victimes : vieillards, enfants, malades chroniques (la prise de médicaments peut altérer la thermorégulation ou accélérer la déshydratation), salariés exerçant un métier physique en extérieur, habitants d'appartements mal isolés… la liste est longue.

Îlots de chaleur urbains

Enfin, la scène de crime se trouve plutôt en ville qu'à la campagne. Normal, en cas de canicule, il fait, par exemple, plus chaud de 2 °C à 6 °C, voire 10 °C, au centre de l'agglomération parisienne que dans les villages de la campagne francilienne. D'où un risque de mortalité accru de 18 %[8], ce qui est considérable, pour les Parisiens et les banlieusards. Au total, un tiers des habitants d'Île-de-France souffrent de vivre dans des îlots de chaleur urbains qui transforment leur quartier en fournaise les jours de fortes chaleurs.

C'est pire dans les régions au climat méditerranéen du sud de la France. Prenons l'exemple symptomatique de l'Occitanie. À l'horizon 2050, selon l'Insee[9], un million de personnes vulnérables (les plus âgés, les plus jeunes et les pauvres) habiteront des zones soumises, dans le Roussillon et le Gard en particulier, à des épisodes à répétition de chaleurs intenses. Au total, la proportion des habitants exposés au risque caniculaire aura triplé en trente ans, bondissant de 16 % à 55 % de la population.

Combien résisteront à l'affolement du mercure ? La réponse des experts méditerranéens du climat[10] fait froid dans le dos. Si les températures moyennes suivent une courbe ascendante les menant à une hausse de l'ordre de + 5 °C en 2100 (scénario RCP8.5), la mortalité dans les pays méditerranéens sera multipliée par 2,6 dès 2050 et par 7 en 2100.

Dans le chapitre consacré à la zone méditerranéenne par le sixième rapport du GIEC paru en février 2022, les projections sont tout aussi alarmantes. « La surmortalité liée à la chaleur pourrait être multipliée par plus de 6 au-dessus de 3 °C de réchauffement. » Un seuil atteint aux alentours de 2070 dans le scénario RCP8.5. Lequel se traduirait dans les pays de la rive nord de la Méditerranée (France, Espagne, Italie, Grèce, etc.) par 18 000 à 20 000 morts supplémentaires en 2050 et 50 000 décès de plus en 2100.

Il serait faux toutefois de penser que les risques pour la santé liés aux chaleurs extrêmes se cantonnent au pourtour méditerranéen. Ils sont en réalité aussi importants à Lille

De plus en plus de nuits « tropicales »

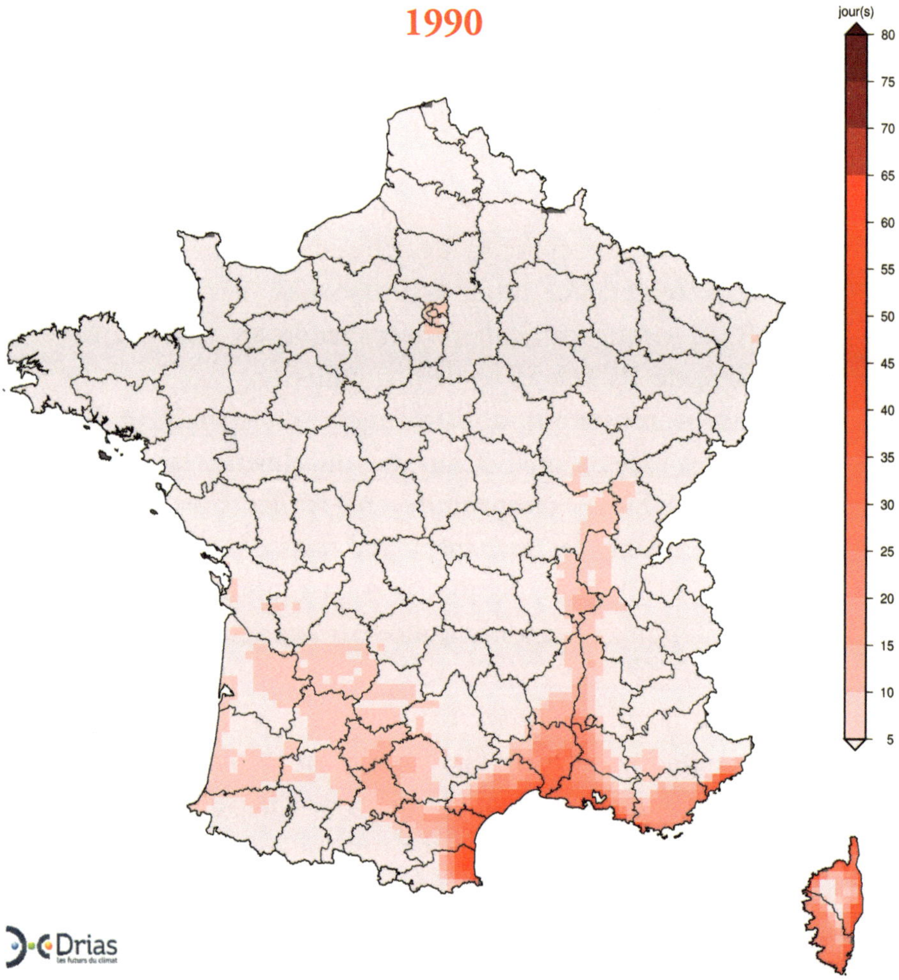

En 2050, les nuits anormalement chaudes (durant lesquelles la température ne descend pas en dessous de 20°C) vont se multiplier dans tout le pays. Dangereuses pour les personnes âgées, ces nuits « tropicales » mettent l'organisme à rude épreuve. Dans le scénario RCP8.5 (95e centile des valeurs), elles concerneront toute la France sauf les reliefs et le littoral du nord-ouest du pays.

2055

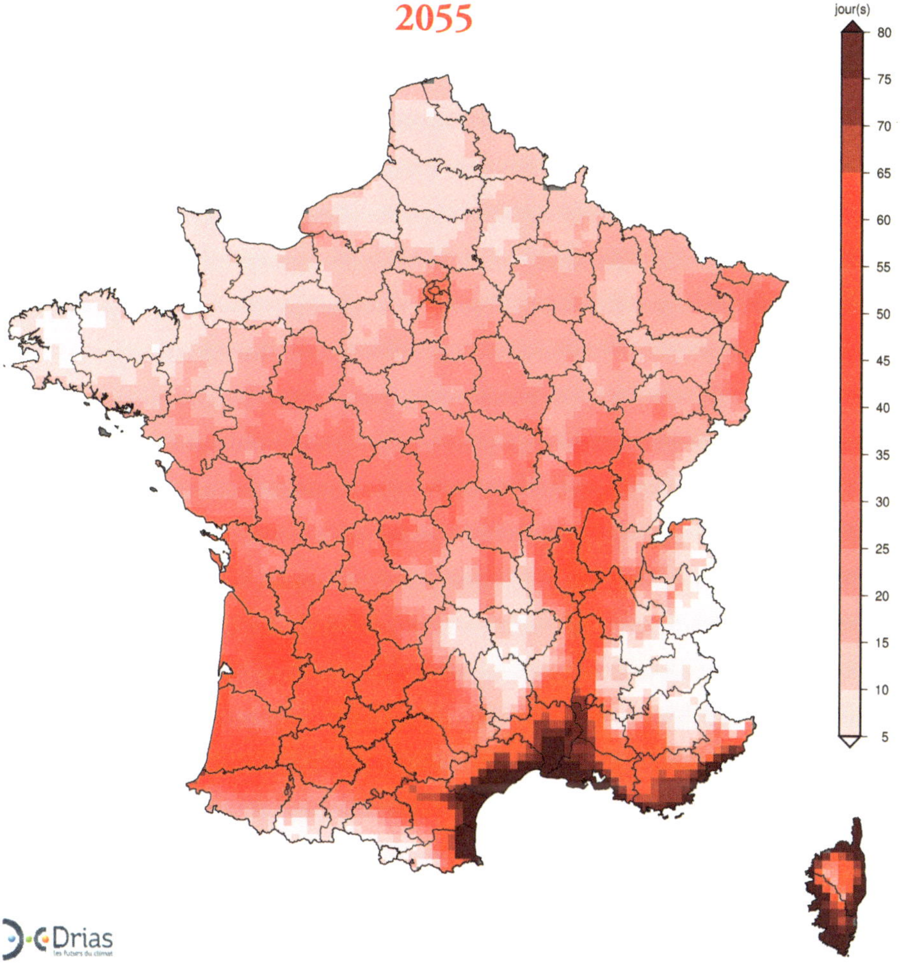
jour(s)
80
75
70
65
60
55
50
45
40
35
30
25
20
15
10
5
Drias
les futurs du climat

qu'à Nice. Les Hauts-de-France sont d'ailleurs placés en alerte canicule à chaque coup de chaud national. Sans doute parce que l'on y est moins habitué que dans le Sud aux caprices du mercure. Dans le nord de la France, « nos données épidémiologiques montrent que les risques dus à la chaleur touchent les personnes dès 45 ans », souligne Mathilde Pascal.

Système de santé à l'épreuve

La multiplication des canicules en France d'ici à 2050 va, à coup sûr, mettre notre système de santé à rude épreuve. Peu de chances d'y échapper dans un pays vieillissant – en 2050, la France comptera 12 millions de personnes âgées de 75 ans et plus –, qui compte 15 millions de malades chroniques et 5 millions de foyers vivant dans des logements mal isolés. Dans ces conditions, la France sera-t-elle prête à affronter une canicule aussi sévère que celle de 2003 ?

« Depuis 2003, nous avons fait beaucoup de progrès en matière de connaissance du risque, de collecte et d'échange d'informations avec Météo France et les autorités de santé, assure Mathilde Pascal. Des progrès ont aussi été accomplis dans la sensibilisation du grand public, des professionnels et des élus. Mais, on a beau s'y préparer, les vagues de chaleur seront plus fréquentes et plus dangereuses. On espère en réduire les impacts mais il y en aura forcément. »

Il reste un gros point d'interrogation. Qu'adviendra-t-il si la France connaît le même phénomène de « dôme de chaleur » qui a fait durant l'été 2021 près de 600 morts dans l'Ouest canadien écrasé par des températures frôlant les 50 °C au pied des Rocheuses ? « Ce sera le saut dans l'inconnu, admet Mathilde Pascal. La chaleur est insupportable, les hôpitaux sont débordés, les transports à l'arrêt, la production d'énergie est perturbée… On plongera alors dans une crise systémique difficile à maîtriser car les effets sont démultipliés. »

Risque de noyades

Dans la pire des situations, les chaleurs extrêmes pourraient conduire la société au bord du chaos. Voilà pour les effets directs des canicules. Les effets indirects sont, de leur côté, loin d'être négligeables. L'un des plus tragiques parce qu'il touche principalement les jeunes enfants et les personnes âgées est l'augmentation du risque de noyade. On dénombre déjà un millier de noyades par an en France dont un quart sont mortelles.

Le lien statistique avec le réchauffement climatique est établi par les enquêtes menées tous les trois ans par l'agence Santé publique France. Lors de la canicule de l'été 2003, 435 personnes avaient trouvé la mort, soit 75 % de plus que lors des étés précédents. Un record absolu approché au cours de l'été 2018 (410 morts) marqué par deux semaines de canicule.

Les eaux de baignade recèlent un autre piège. Par temps chaud, des micro-organismes toxiques prolifèrent dans les bassins de loisirs ou les rivières. Ingérées le plus souvent par des enfants, ces cyanobactéries peuvent provoquer fièvres, troubles gastro-intestinaux, éruptions cutanées et atteintes hépatiques.

« Lors de la canicule de 2003, on a observé une hausse des cas de leptospirose, une maladie bactérienne des pays chauds que l'on attrape dans les eaux de baignade, ajoute Jeanne Brugère-Picoux[11], vétérinaire et membre de l'Académie nationale de médecine. Avec le réchauffement du climat, ce type de maladie va se développer car les gens iront de plus en plus se baigner dans des eaux infectées par les urines de rats et d'autres animaux sauvages. »

La liste ne s'arrête pas là. À l'origine d'affections sévères, voire mortelles si elles ne sont pas soignées à temps, la leishmaniose est une maladie parasitaire transmise à l'homme par des piqûres d'insectes. « Il y a un facteur climatique car, avant, on ne trouvait cette maladie que dans le sud de la France », assure Jeanne Brugère-Picoux.

Pollens plus allergisants

Plus étonnant, la vétérinaire raconte que, comme en Sibérie, « le bacille du charbon, qui pullulait dans les cadavres d'animaux enterrés il y a des décennies, a été ramené à la surface par des pluies torrentielles avant de contaminer des ruminants et, de là, des hommes. »

Autre conséquence, le réchauffement climatique pourrait nuire à la qualité nutritionnelle des aliments. Ainsi, une étude chinoise, parue dans la revue *Science Advances*[12], a montré que la concentration de CO_2 dans l'atmosphère réduit la teneur en zinc, en fer, en protéines et en vitamines du riz, ce qui entraîne des carences préjudiciables à la santé et à la croissance des enfants. Le même phénomène pourrait toucher le blé, l'orge et les pommes de terre.

Dans un autre registre, le réchauffement va allonger la saison des pollens au-delà de la période habituelle et donc entraîner une multiplication des allergies dont souffrent déjà 18 millions de Français. Selon une enquête parue dans *Nature Communication*[13], la saison pourrait gagner deux mois d'ici à 2100 et le volume de pollens gonfler de 40 %.

Plus de pollens et des pollens plus allergisants. Car, si la chaleur dope la production des pollens de bouleau ou de chêne, l'accumulation de CO_2 dans l'atmosphère accentue parallèlement leur pouvoir irritant et favorise le développement des végétations allergisantes. Un double effet Kiss Cool dont profite à plein l'une des pires, l'ambroisie. Venue d'outre-Atlantique, cette plante invasive a déjà colonisé la moitié du pays et y dispersera dans l'air quatre fois plus de pollens d'ici à 2050.

Toux, conjonctivites, rhinites, asthme… température et CO_2 ne sont pas les seuls facteurs à jouer en faveur des allergies. La pollution de l'air, elle-même étroitement liée aux épisodes de fortes chaleurs, irrite les voies respiratoires et crée, de ce fait, un terrain favorable aux pollens. Dans cette mécanique infernale, l'ozone fait partie des principaux polluants incriminés.

Responsable rien qu'en Île-de-France de 1 700 décès prématurés par an, ce gaz inodore et incolore est particulièrement nocif pour les femmes enceintes, les nourrissons, les personnes âgées ou souffrant de problèmes cardiovasculaires, respiratoires et d'asthme. Sa particularité : il est à la fois une source de pollution, au même titre que les particules fines et l'oxyde d'azote, et un gaz à effet de serre.

Cocktail détonant

Plus il fait chaud, plus il pollue et plus il contribue au réchauffement climatique. Le cocktail détonant de la chaleur combinée à la pollution devrait grimper plusieurs marches dans l'échelle des risques sanitaires.

« En 2050, souligne Mathilde Pascal, le pire scénario du GIEC prévoit la montée en puissance simultanée de trois risques : une augmentation de la durée et de l'intensité des canicules, une plus forte pollution de l'air et la multiplication des incendies qui produisent des particules fines et des composés volatils toxiques. Ensemble, ils seront plus dangereux que chacun pris séparément », conclut l'épidémiologiste de Santé publique France.

Ce changement climatique a notamment pour inconvénient de favoriser l'apparition de visiteurs assez pénibles.

2

Les moustiques passent à l'attaque !

Genève, le 23 juillet 2022. Fait rare, l'Organisation mondiale de la santé déclenche la procédure d'alerte maximale. Dans le viseur de l'OMS : l'épidémie de variole du singe originaire d'Afrique où le virus Monkeypox circule parmi les rongeurs des forêts tropicales.

Comme Zika, Ebola, le VIH ou le Covid-19, la variole du singe est une « zoonose », une maladie infectieuse transmise aux hommes par des animaux. La faute en particulier à la déforestation et aux trafics d'animaux qui mettent les humains en contact avec des espèces sauvages porteuses de virus potentiellement dangereux. À cet égard, Monkeypox est moins meurtrier que le Covid-19 mais l'une de ses souches se révèle mortelle une fois sur dix.

En quelques semaines, 20 000 patients sont contaminés dans 80 pays. Un premier cas est détecté dès le 19 mai en France et la hausse des températures pourrait favoriser la multiplication sur notre sol des zoonoses tropicales.

Dans le cas de Monkeypox, « la question se pose du réchauffement climatique dans la propagation de la variole du singe puisqu'il s'agit d'une maladie des pays chauds, estime Jeanne Brugère-Picoux[1], professeure honoraire à l'École nationale vétérinaire d'Alfort. Il se peut que les réservoirs naturels du virus comme les oiseaux migrateurs se déplacent vers des pays où il fait moins froid qu'auparavant. »

Bombe à retardement virale

Pour le président du Muséum national d'histoire naturelle, l'hypothèse se tient : « Les bactéries, les parasites et les virus adorent la chaleur, observe Bruno David[2]. Bloqués auparavant par des températures trop basses, ils profitent du réchauffement climatique pour étendre leur aire de répartition bien au-delà de la bande équatoriale. » Selon une étude récente[3], près de 60 % des maladies infectieuses ou allergiques sont aggravées par des phénomènes (vagues de chaleur, pluies intenses…) liés au changement climatique.

Zika, dengue, virus du Nil occidental, encéphalites… on ne serait donc qu'au début de l'ère des zoonoses qui représentent déjà les trois quarts des maladies émergentes. À ce sujet, une autre étude[4] parue en avril 2022 dans la revue *Nature* fait frémir.

Signée par Colin J. Carlson et Gregory Albery, deux biologistes de l'université américaine de Georgetown, elle soutient qu'« au moins 10 000 espèces de virus, dont la grande majorité circule silencieusement chez les mammifères, ont la capacité d'infecter l'homme ».

En d'autres termes, nous ne sommes pas à l'abri de l'émergence, un jour ou l'autre, d'une maladie infectieuse mortelle transmise par un virus tropical aussi virulent, voire plus assassin que le Covid. Pur catastrophisme ? Ce n'est pas l'avis du président du Muséum national d'histoire naturelle.

Pour le célèbre naturaliste, le pire est à venir. « Il s'agit d'une question de temps, écrit Bruno David, pour que cela [une nouvelle pandémie mondiale] devienne inéluctable[5] », c'est-à-dire que la probabilité de sa survenue approche de 100 %, et il n'exclut pas la possibilité qu'elle soit plus meurtrière que le Covid-19.

Dit autrement, le changement climatique est une bombe à retardement virale prête à exploser. Le mécanisme de la déflagration a été découvert par l'équipe de Colin J. Carlson et Gregory Albery. Plus la Terre se réchauffe, plus les animaux sauvages se déplacent, plus s'intensifient le brassage des virus entre espèces et les risques qu'ils les inoculent aux hommes.

Dans cette chaîne virale dopée à l'effet de serre, certaines espèces se révèlent des agents de contaminants particulièrement actifs. Première sur la liste, la chauve-souris infecte à peu près tous ceux qu'elle croise sur sa route. La petite créature volante a déjà servi d'agent infectieux à Ebola, à Nipah, au H1N1 et au SARS-CoV-2, alias Covid-19, responsable de plus de 6 millions de morts dans le monde.

La chauve-souris n'est pas seule sur le banc des accusés. Elle a des complices. Infectée sans tomber malade grâce à son remarquable système immunitaire, elle a besoin d'un hôte intermédiaire pour transmettre le virus à l'homme. Dans le cas du Covid, on a incriminé le vison et le pangolin à écailles, voisins de cage au marché chinois de Wuhan, véritable poudrière à virus, d'où la pandémie mondiale a pris son envol.

Fléau biologique

Le deuxième passeur de virus dans la liste des espèces exotiques qui débarquent en force dans les zones tempérées à la faveur du réchauffement du climat associé à la multiplication des pluies intenses : le moustique-tigre. Originaire des forêts d'Asie du Sud-Est, ce minuscule insecte au corps noir zébré de blanc est un fléau biologique.

À lui seul, il est capable de propager la dengue, Zika et le chikungunya qui peuvent développer des formes hémorragiques ou neurologiques graves, voire mortelles. Pour l'anecdote, l'unité d'infectiologie du très controversé professeur Didier Raoult, héros des « antivax » au plus fort de l'épidémie de Covid, a été l'une des premières à sonner le tocsin.

La montée du mercure ne suffit pas, bien entendu, à expliquer l'arrivée chez nous du féroce moustique-tigre. Infatigable globe-trotteur, il a voyagé à bord des porte-conteneurs qui sillonnent le globe, de préférence dans les eaux stagnantes des cargaisons de pneus. En un demi-siècle, il a étendu son empire sur les cinq continents et fait des centaines de milliers de morts.

En France, le moustique-tigre a débarqué en Corse en 2002 avant de poser ses valises à Menton en 2004. À partir

Covid-19 : un virus qui passe d'espèce en espèce

Chaîne de transmission du virus

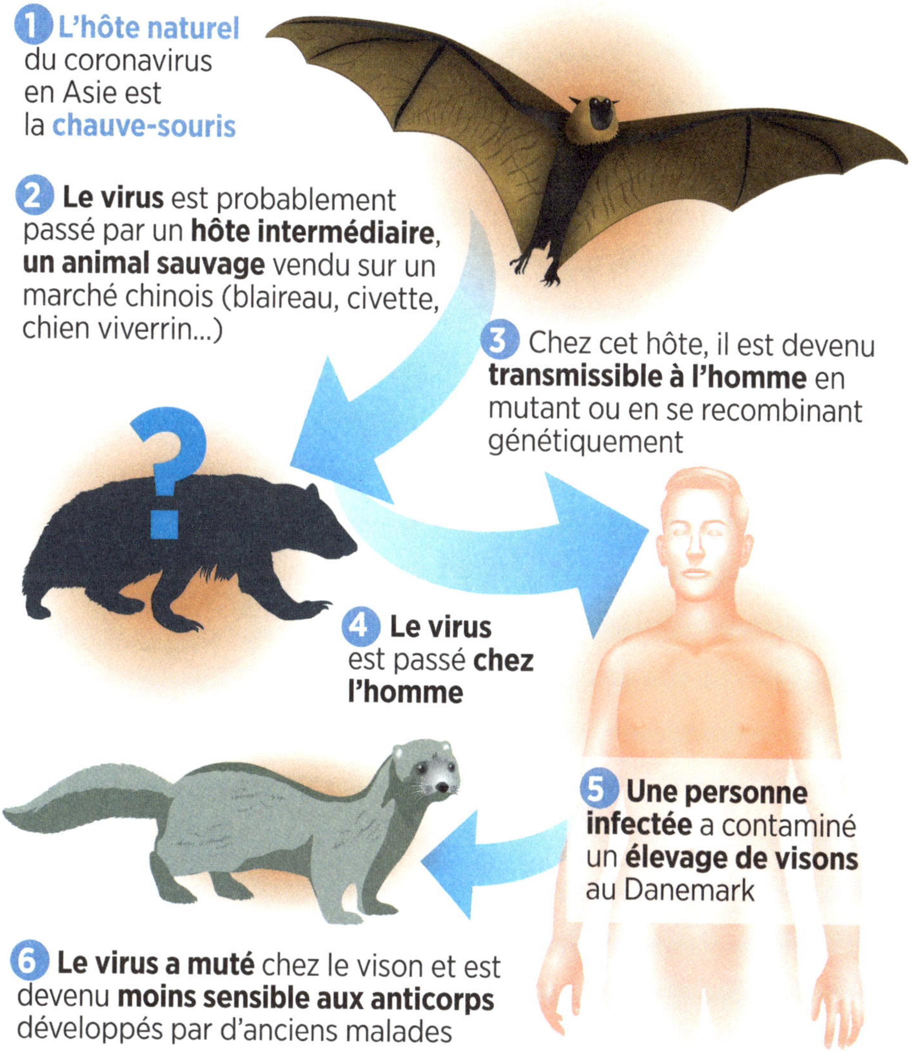

Le Covid-19 est un exemple de zoonose, ces maladies infectieuses transmises à l'homme par les animaux et favorisées par le changement climatique.

En moins de vingt ans, le moustique-tigre a colonisé la France

2004

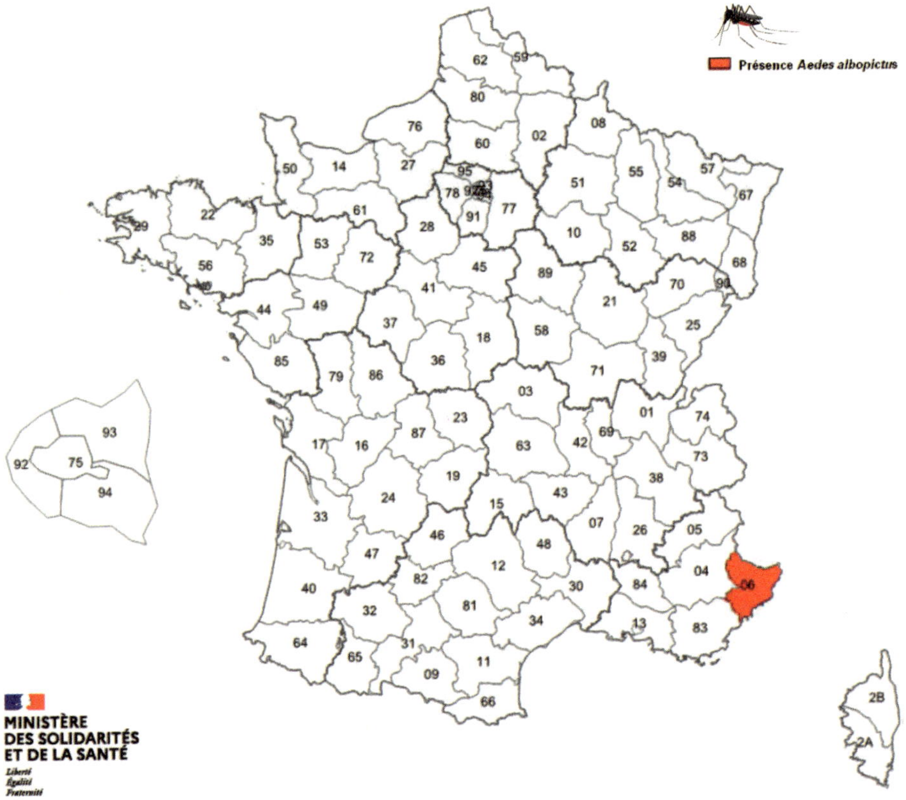

Arrivé accidentellement en France en 2004, le moustique-tigre, porteur des virus de la dengue, de Zika et du chikungunya, a colonisé des pays où la chaleur lui a permis de s'acclimater.

2012

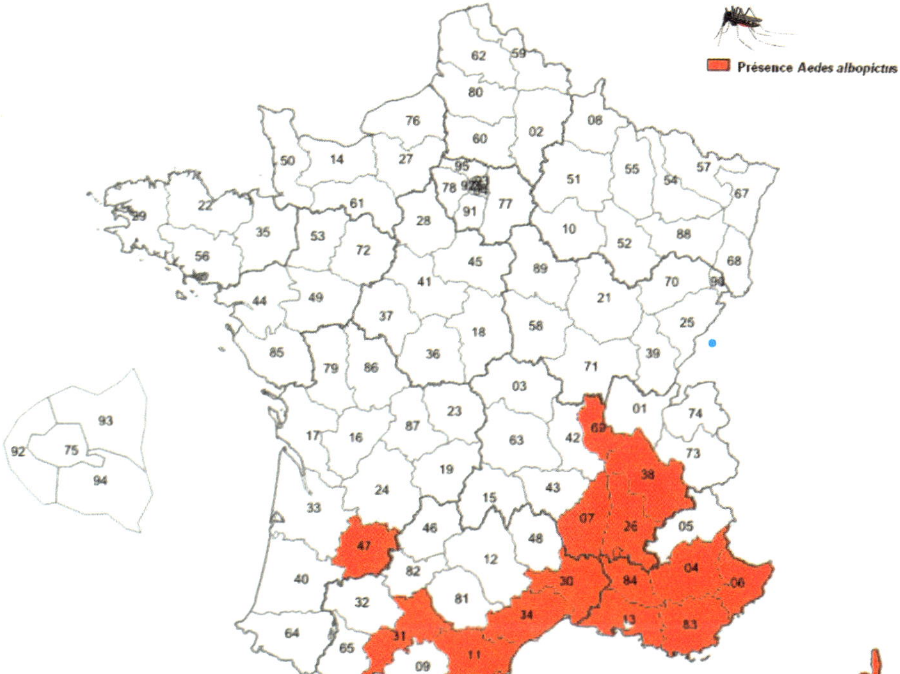

MINISTÈRE
DES SOLIDARITÉS
ET DE LA SANTÉ
Liberté
Égalité
Fraternité

2016

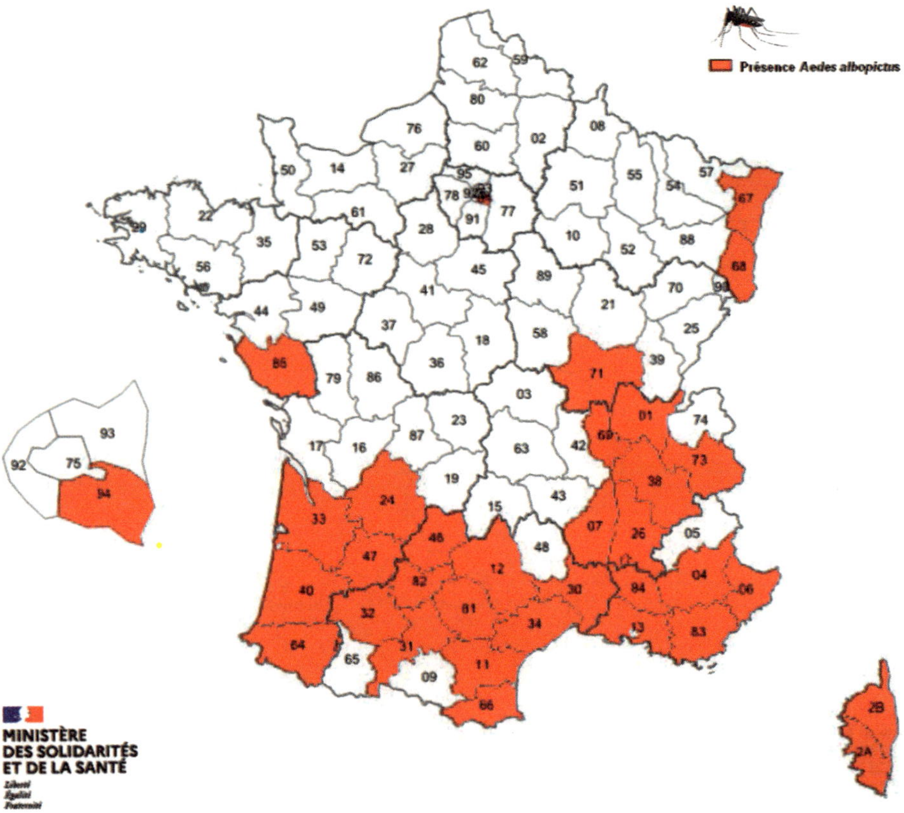

MINISTÈRE
DES SOLIDARITÉS
ET DE LA SANTÉ
Liberté
Égalité
Fraternité

2021

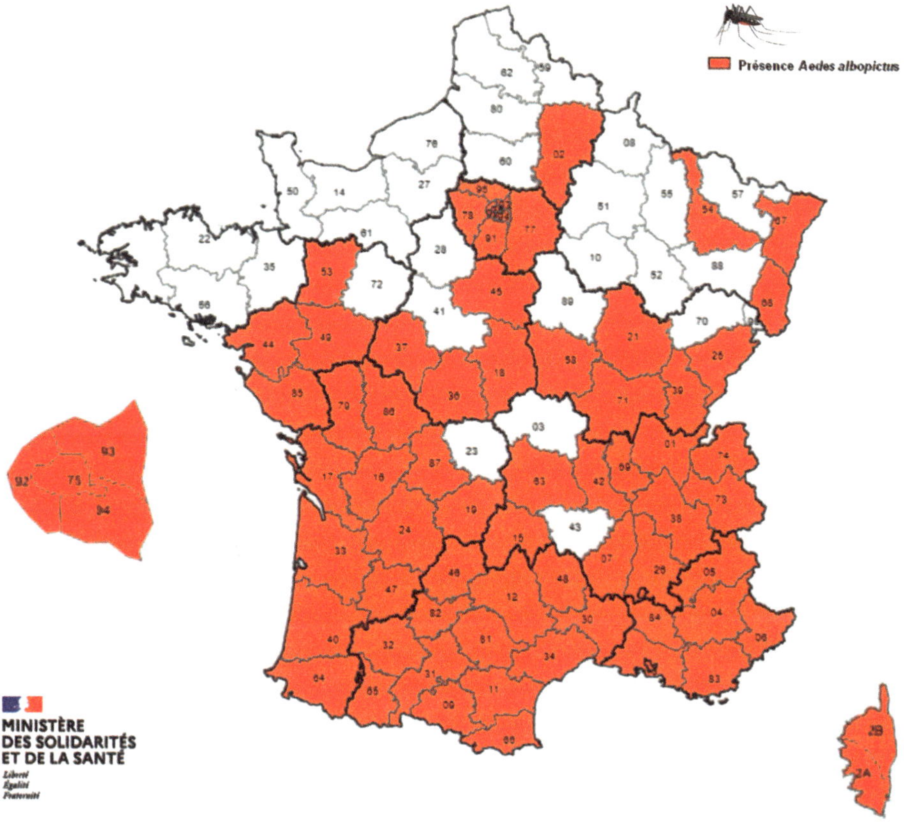
Présence *Aedes albopictus*
62
59
80
02
08
76
60
50
14
27
95
51
55
57
54
67
78
77
91
61
22
35
28
10
52
88
53
72
45
56
41
89
68
70
44
49
37
21
25
58
18
85
79
86
36
71
39
03
23
01
74
93
92
75
94
87
17
16
63
42
69
73
19
43
38
24
15
33
07
26
05
46
48
47
12
82
30
84
04
06
40
32
81
34
31
11
83
64
65
09
66
2B
2A
MINISTÈRE
DES SOLIDARITÉS
ET DE LA SANTÉ
Liberté
Égalité
Fraternité

de là, *Aedes albopictus* a remonté la vallée du Rhône, passager clandestin des voitures, des trains et des camions, pour arriver à Paris et, finalement, coloniser presque tout le pays.

En 2022, sa présence a été attestée dans les deux tiers des départements et il continue sa progression. « Sans le réchauffement climatique, il serait resté cantonné au pourtour méditerranéen », assure Serge Morand[6], chercheur en biologie parasitaire au CNRS. Au cours des étés caniculaires à venir, un Français sur deux pourrait être piqué. Alors, est-on face à un péril sanitaire majeur ?

Moustique égyptien

« Contrairement à une croyance répandue, le changement climatique n'est pas la raison principale de l'émergence des pathogènes mais il en rajoute une couche, répond David Roiz[7], chercheur à l'Institut de recherche pour le développement (IRD). En intensifiant les épisodes pluvieux et les inondations, il multiplie les zones humides favorables à la reproduction des moustiques dont la période d'incubation et la capacité d'infection sont accélérées par les fortes chaleurs. »

Pour ce spécialiste des maladies virales, « il ne faut ni être trop alarmiste ni minimiser les risques, car il est certain que le changement climatique accroît l'aire de répartition du moustique-tigre et les risques sporadiques d'épidémies locales de dengue, de chikungunya ou de Zika ». La preuve : en 2022, près de 300 cas de contaminations par ces trois virus ont été observés en France.

En dehors d'*Aedes albopictus*, les épidémiologistes redoutent deux autres variétés invasives de moustiques. Le premier est originaire d'Afrique. *Aedes aegypti* fut au XIXe siècle à l'origine d'épouvantables épidémies de fièvre jaune et de dengue dans les pays du bassin méditerranéen. Il pourrait faire son grand retour sous nos latitudes à la faveur du réchauffement. « En 2018, il a été repéré près de l'aéroport de Marseille mais aussitôt éradiqué par les équipes de démoustication », rappelle David Roiz.

Le second, *Aedes japonicus*, originaire d'Asie, est un gros moustique reconnaissable à son thorax à bandes dorées. Porteur de l'encéphalite japonaise et du virus du Nil occidental, il a été signalé il y a dix ans en Alsace et dans les Vosges. La fièvre du Nil occidental ne doit pas être prise à la légère. « Elle a fait près de 2 500 morts dans le monde ces vingt dernières années, c'est la principale cause des encéphalites virales humaines », souligne la vétérinaire Jeanne Brugère-Picoux.

Un deuxième virus, Usutu, transmis à l'homme par des moustiques infectés après avoir piqué des oiseaux migrateurs venus d'Afrique, peut provoquer des encéphalites. Un premier cas a été détecté à Montpellier en 2016. Chaque année, Usutu revient un peu plus tôt en France où les étés chauds et secs favorisent sa propagation.

Pour noircir un peu plus le tableau, un dernier virus transmis par les moustiques fait l'objet de toutes les attentions. Responsable d'épidémies meurtrières au Kenya, à Madagascar, en Égypte ou au Sénégal, « la fièvre de la vallée du Rift est une maladie exotique dont on peut craindre qu'elle arrive en Europe », s'inquiète Jeanne Brugère-Picoux. Sans traitement connu, elle provoque chez 1 % à 2 % des personnes infectées des formes sévères (cécité provisoire, hépatite, encéphalite, fièvres hémorragiques…), voire mortelles.

Après les chauves-souris et les insectes, une autre bestiole peu ragoûtante figure dans le trio de tête des agents infectieux : la tique géante ou *Hyalomma marginatum.* Elle est moins terrifiante que sa cousine la « tique tueuse asiatique », mais plus agressive que la tique classique. Ses larves se gorgent du sang des lapins, des hérissons, des merles ; une fois adulte, elle infecte chevaux, vaches, chèvres, sangliers...

Tique chasseuse

« *Hyalomma* fait vraiment peur car c'est une tique chasseuse », frissonne Jeanne Brugère-Picoux. Alors que ses congénères attendent dans l'herbe qu'un animal passe à proximité pour s'y accrocher, elle leur tombe dessus depuis les arbres et peut faire des bonds de 100 mètres pour attaquer sa proie. Surtout, avec l'acarien dans les parages, l'homme risque de contracter non seulement la maladie de Lyme mais aussi le virus de la fièvre hémorragique de Crimée-Congo. Rarement mortelle, elle peut causer de graves insuffisances rénales, hépatiques ou pulmonaires.

Répandu en Afrique et au Moyen-Orient, le virus a sévi en Russie, en Turquie, où une épidémie s'est déclarée, en Grèce et dans les Balkans. « Probablement transportée par des oiseaux migrateurs, *Hyalomma*, que l'on ne voyait pas avant en Europe occidentale, a été repérée récemment en Espagne, en Allemagne, aux Pays-Bas et dans le sud de la France », signale Jeanne Brugère-Picoux.

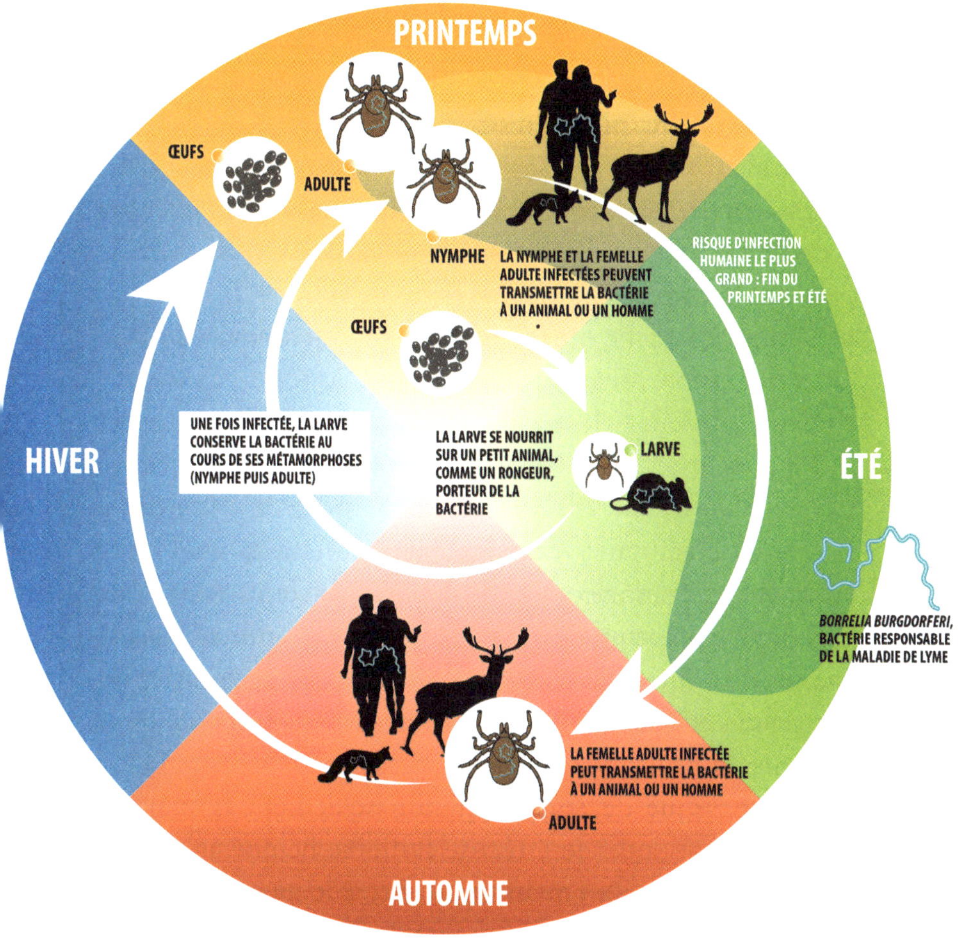

Comment la tique transmet la maladie de Lyme

Dans l'hémisphère Nord, la tique est le principal vecteur de la bactérie qui provoque la maladie de Lyme. Elle la transmet à l'homme après s'être nourrie du sang d'un animal infecté.

Des facteurs climatiques expliquent en partie une telle bougeotte. La tique africaine parvient aujourd'hui à s'acclimater jusqu'en Allemagne et en Suède. « Les modifications climatiques de ces dernières décennies induisent depuis peu une remontée de l'aire de distribution de ce virus », confirme une étude internationale[8] pilotée par l'Inserm.

En France, la situation pourrait vite s'envenimer. Le pays accueille en effet d'autres acariens capables d'inoculer la fièvre de Crimée-Congo. C'est le cas de la tique du mouton, de la tique de vache ornée, porteuse du microbe de la fièvre Q, et de la tique rouge du chien. Particularité de cette espèce couleur sang, elle héberge la bactérie de la maladie de Lyme.

La conclusion de l'étude sur la fièvre hémorragique de Crimée-Congo est effrayante : « La présence du virus à l'ouest de l'Europe et dans les Balkans, ainsi qu'en Corse, laisse présager que de plus en plus de cas d'infection seront éventuellement rapportés en Europe, et très probablement en France. Il est donc important [...] de développer de nouvelles molécules antivirales, des stratégies vaccinales et des tests diagnostiques[9]. »

Chauve-souris, insecte piqueur, tique chasseuse, voilà le trio le plus terrifiant. Dans leur sillage, le changement climatique favorise l'invasion d'autres espèces exotiques nuisibles à la santé humaine. À commencer par le tristement célèbre frelon asiatique arrivé en France en 2004 dans des poteries de bonsaïs importées de Chine par un arboriculteur du Sud-Ouest.

Depuis, cet impitoyable tueur d'abeilles a essaimé dans presque tout le pays au rythme de 60 à 80 kilomètres parcourus par an. En cause là encore, le changement climatique. Décimées en général par le froid de l'hiver, les reines survivent désormais toute l'année. Chez les sujets allergiques, le venin de ce gros frelon à l'abdomen jaune et noir peut provoquer un œdème de Quincke ou un choc anaphylactique. Plusieurs personnes piquées en meurent chaque année.

Plus sympathiques à première vue, d'autres espèces exotiques sont moins inoffensives qu'il n'y paraît. Des écureuils de prairie ont été importés du Dakota ou du Mexique en France comme animaux de compagnie. « On s'est aperçu dans des animaleries parisiennes qu'ils étaient porteurs du bacille de la peste », raconte Serge Morand[10], chercheur au Centre international de recherche agronomique (Cirad). Un autre risque, mortel pour les enfants en bas âge, a été avéré en France de salmonellose transmise par des serpents vendus comme animaux de compagnie.

Réservoir dog

Le chien viverrin ou chien raton laveur figure lui aussi sur la liste noire européenne des pires espèces exotiques envahissantes. Originaire d'Asie orientale, ce petit carnivore, élevé pour sa fourrure en Chine et en Russie, a été signalé pour la première fois en Moselle en 1975, échappé sans doute d'un zoo ou d'un cirque allemand. Il occupe aujourd'hui la moitié du pays. Réservoir de la rage, de la gale et du parasite de la trichinellose, le *racoon dog* « est un réservoir du Covid, rappelle Serge Morand. Il faut donc être très vigilant ».

Preuve vivante du réchauffement du climat, le chien raton laveur « a profité de la hausse des températures pour s'installer dans pratiquement toute la France, souligne Benoît Pisanu[11], chercheur au Muséum national d'histoire naturelle. Il s'arrête pour l'instant au sud d'une ligne qui va de la baie de Somme aux Ardennes, mais les Belges suivent avec attention sa progression car il commence à monter plus au nord. »

Et n'oublions pas les ragondins. Importé pour sa fourrure des zones tropicales d'Amérique latine, cet herbivore de la famille des castors, relâché par les éleveurs dans les années 1930, a peu à peu infesté les bords des lacs, des étangs et des rivières. « Jusqu'à présent, le climat des régions du Nord ne lui convenait pas du tout, mais avec les hivers plus doux, il s'est répandu partout », explique Benoît Pisanu.

Il faut dire que le ragondin, gros rongeur aux dents acérées, se reproduit à toute vitesse et n'a pas de prédateurs – sur ses terres d'origine, il est chassé par le jaguar et le caïman. Comme le rat, il peut être porteur de leptospirose, maladie bactérienne pas toujours bénigne, et de la douve du foie, un parasite qui s'attrape en mangeant des salades sauvages ou dans les eaux de baignade souillées par l'urine animale.

Fourmis folles

Cet angoissant bestiaire ne serait pas complet sans les fourmis. Fascinantes, supérieurement évoluées – certaines élèvent des pucerons ou cultivent des champignons ! –, dotées de capacités physiques extraordinaires, ces infatigables bâtisseuses, présentes depuis des millions d'années partout sur Terre, sauf en Antarctique, ont un gros défaut : quelques-unes forment des armées d'envahisseurs sans pitié, nocives pour la faune locale et, à l'occasion, pour l'homme.

Fourmi d'Argentine, fourmi folle jaune cracheuse d'acide, fourmi à grosse tête, fourmi de feu, fourmi électrique… ces cinq-là ont été classées par l'UICN (Union internationale de conservation de la nature) parmi les cent pires bio-envahisseurs de la planète. Guerrières ultra-agressives au venin puissant, les deux dernières originaires d'Amérique du Sud méritent le détour. La piqûre des fourmis de feu (*Solenopsis invicta*), dont les soldats fondent par milliers sur leur proie, provoque douleurs, démangeaisons et chocs allergiques chez les sujets sensibles.

Même motif, même punition avec la fourmi électrique (*Wasmania auropunctata*). Fléau bien connu en Nouvelle-Calédonie ou à Tahiti, elle présente une particularité génétique étonnante. Les mâles et les femelles se reproduisent séparément par clonage. Bien pratique pour multiplier les nids qui fonctionnent en réseaux interconnectés.

Fourmi électrique

Mauvaise nouvelle, la fourmi électrique, très difficile à éradiquer, a été repérée pour la première fois en France. C'était à la fin de l'été 2022 à Toulon. Arme redoutable, sa piqûre, douloureuse pour l'homme, fait fuir la plupart des animaux et décime les insectes. Extrêmement envahissante, la fourmi électrique rejoint dans l'Hexagone la fourmi d'Argentine qui a fondé une mégacolonie de 1 milliard d'individus qui s'étend du Portugal à l'Italie en passant par l'Occitanie et la Côte d'Azur.

La France envahie de fourmis dangereuses ? On se croirait dans un mauvais film de série Z. Pourtant, on le voit, l'invasion a commencé. Dans une thèse édifiante[12], la biologiste Cléo Bertelsmeier[13] est catégorique. Si l'on prend les 14 espèces de fourmis les plus indésirables, « la France présente des conditions favorables pour 10 des 14, y compris 4 qui sont parmi les espèces les pires » recensées par l'UICN. Les risques sont forts, conclut-elle, que la fourmi de feu débarque à son tour sur nos côtes.

Le problème est que, si les virulentes fourmis sont les grandes gagnantes du scénario noir du climat, ce dernier fera surtout une foule de perdants parmi les espèces sauvages.

3

Biodiversité : le silence des moineaux

Mammifères, reptiles, poissons… la liste rouge des espèces menacées par un climat qui se détraque à vue d'œil s'allonge dangereusement. « Tout laisse à penser que nous sommes à l'aube d'une sixième extinction qui arrive à une vitesse foudroyante. Si rien n'est fait, le choc aura lieu[1] », prévient Bruno David, le président du Muséum national d'histoire naturelle.

On mesure le poids de ces mots quand on sait que la dernière extinction de masse, il y a 65 millions d'années, a rayé de la surface du globe les dinosaures et 75 % des espèces. Mais la plus impitoyable extinction a eu lieu 190 millions d'années plus tôt. Des éruptions volcaniques en chaîne auraient alors rejeté de telles masses de CO_2 que l'atmosphère s'est transformée en fournaise, décimant 90 % de la vie sur Terre en moins de 500 000 ans.

Avec le changement climatique actuel, un nouveau cataclysme écologique de ce type est-il possible ? Rien n'est écrit, mais Bruno David note une énorme différence entre les cinq premières extinctions et celle qui se profile. Cent à mille fois plus rapide que les précédents, « le réchauffement actuel se produit aujourd'hui à une vitesse jamais vue. La biodiversité aura le plus grand mal à suivre le rythme[2]. »

S'adapter sera d'autant plus compliqué que la chaudière climatique étouffe des animaux sauvages déjà fragilisés par la déforestation, les pesticides, la surpêche, le braconnage et la pollution. Dans le palmarès de l'IPBES*, le « GIEC de la biodiversité », le changement climatique s'est hissé au troisième rang des menaces qui pèsent sur la faune et la flore. Il talonne désormais la destruction des habitats naturels et la surexploitation du vivant.

« En France comme ailleurs, la faune et la flore sont principalement menacées par la bétonnisation des terres ou les pesticides mais le changement climatique est un facteur de plus en plus important, souligne Wolfgang Cramer[3], directeur de recherche à l'IMBE (Institut méditerranéen de biodiversité et d'écologie marine et continentale). Dans le cas des écosystèmes marins par exemple, il est actuellement aussi grave que la surpêche. »

Extinction des espèces

« Le climat devient un danger majeur pour la biodiversité », confirme Florian Kirchner[4] du comité français de l'UICN.

* Plateforme intergouvernementale scientifique et politique sur la biodiversité et les services écosystémiques.

À terme, un million d'espèces[5] dans le monde sont menacées d'extinction. Dans l'un de ses derniers rapports[6], le GIEC évoquait des « pertes de plus en plus irréversibles dans les écosystèmes terrestres, d'eau douce, côtiers et de haute mer ».

Selon la dernière évaluation du Fonds mondial pour la nature (WWF) établie à partir de « l'indice planète vivante » de la société zoologique de Londres, les populations de mammifères, de reptiles, de poissons et d'amphibiens ont chuté dans le monde de 69 % entre 1970 et 2018 et de 20 % en Europe.

Les experts du climat de l'ONU ont sorti leurs calculettes. À + 1,5 °C, objectif de l'accord de Paris signé en 2015, jusqu'à 14 % des espèces terrestres connues connaîtront « un risque très élevé d'extinction ». Le pourcentage monte jusqu'à 18 % à + 2 °C, 29 % à + 3 °C et 48 % à + 5 %. En clair, dans le pire des scénarios, la moitié des espèces terrestres répertoriées à ce jour dans le monde pourraient disparaître d'ici à la fin du siècle.

Moins populaires que le panda ou l'ours polaire, des myriades d'invertébrés, de mollusques et de micro-organismes indispensables au bon fonctionnement des écosystèmes risquent de dépérir sans bruit. C'est le fameux « printemps silencieux », annoncé il y a plus d'un demi-siècle par la biologiste américaine Rachel Carson[7].

Si l'on parle beaucoup des menaces pesant sur la survie des gorilles ou des éléphants d'Afrique, la France figure dans le top 10 des pays les plus concernés par ce déclin accéléré de la biodiversité. « C'est le pays en Europe qui abrite le plus d'espèces, elles sont donc mécaniquement plus nombreuses à y être menacées », explique Florian Kirchner.

Les récifs de coraux en danger

Le réchauffement des océans menace la survie des récifs coralliens dont 60 % sont déjà dégradés en Guadeloupe, 50 % en Martinique et 40 % en Polynésie française.

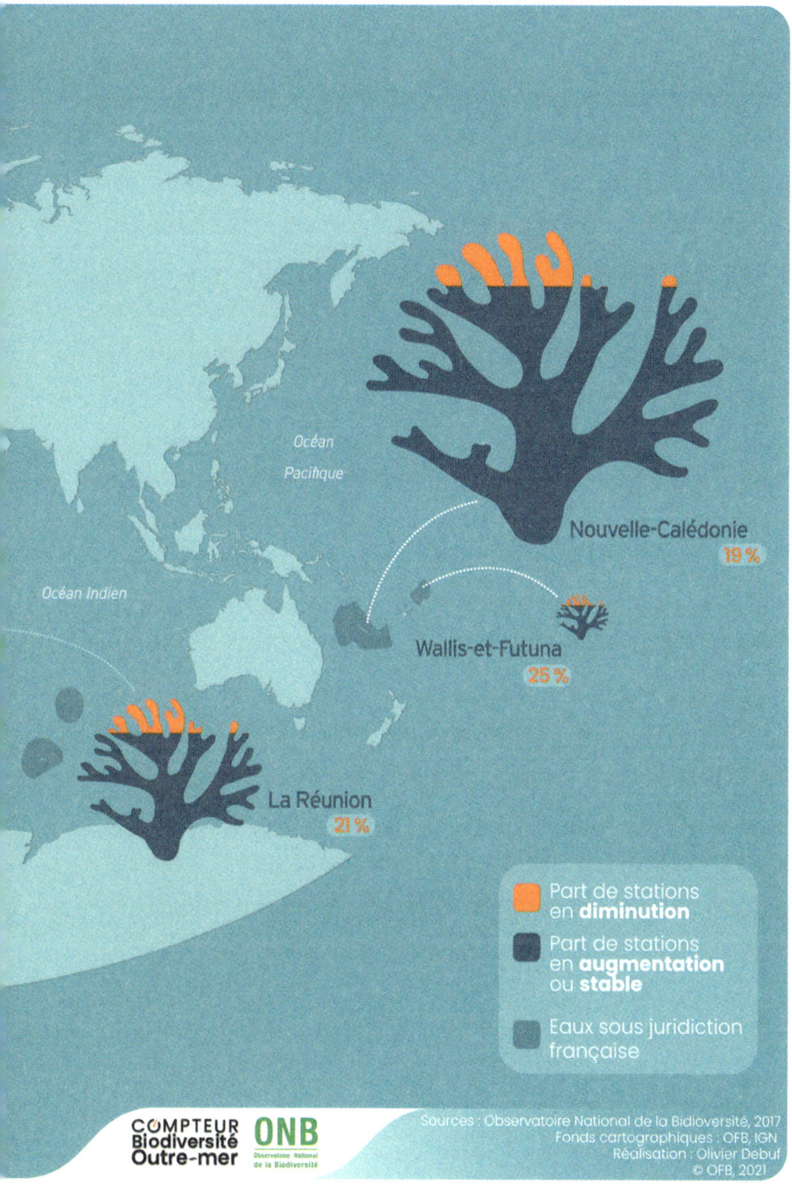

Océan Pacifique
Océan Indien
Nouvelle-Calédonie
19 %
Wallis-et-Futuna
25 %
La Réunion
21 %
Part de stations en **diminution**
Part de stations en **augmentation** ou **stable**
Eaux sous juridiction française
COMPTEUR Biodiversité Outre-mer
ONB
Observatoire National de la Biodiversité
Sources : Observatoire National de la Bidioversité, 2017
Fonds cartographiques : OFB, IGN
Réalisation : Olivier Debuf
© OFB, 2021

Entre ses fonds marins, ses estuaires, ses marais, ses montagnes, ses prairies, ses forêts, ses rivières et ses lacs, la France demeure, en effet, un immense réservoir de biodiversité. Avec ses outre-mer, la France est à la tête d'un patrimoine naturel exceptionnel. Du coup, elle a le triste privilège d'être le seul pays présent dans presque tous les *hotspots*, les « points chauds » de la biodiversité mondiale.

Méditerranée, Antilles, océan Indien... derrière les paysages de carte postale, plus de 60 %[8] des récifs coralliens sont en péril à la Martinique, en Guadeloupe et à La Réunion. Et la tendance est à l'aggravation de leur état de santé. « Chaque année, on assiste à des blanchiments de coraux », se désole Florian Kirchner de l'UICN. Or, blanchir, pour les coraux, c'est mourir.

Explication : sensibles aux écarts de chaleur, ces animaux sous-marins vivent en symbiose avec les algues qui leur donnent leurs couleurs chatoyantes. Quand l'eau se réchauffe, ils stressent, expulsent les algues et blanchissent. Si les fortes chaleurs se prolongent, ils peuvent en mourir. « C'est très préoccupant car de nombreuses espèces marines viennent se reproduire dans les récifs », souligne le porte-parole de l'UICN.

La survie des coraux

Selon le GIEC, entre 70 % et 90 % des récifs rendront l'âme même si l'on parvient à maintenir le réchauffement planétaire à + 1,5 °C, ce dont beaucoup de scientifiques doutent. Si la barre des 2 °C est franchie, alors 99 % seront anéantis. La survie des coraux, qui servent de nurserie à un quart de la vie sous-marine et font vivre 500 millions de personnes dans le monde, se joue donc à… un demi-degré de réchauffement près !

En France métropolitaine, ce n'est pas plus brillant malgré les mesures de conservation. Pour l'UICN, un quart des reptiles et des amphibiens, près d'un crustacé d'eau douce sur trois et un poisson d'eau douce sur cinq sont menacés. Sur la liste rouge s'alignent lézard des souches, rainette verte, écrevisse à pattes rouges, grande mulette (une moule d'eau douce), truite à grosses taches, anguille, brochet ou lamproie.

Chez les mammifères, une espèce sur trois est menacée, parmi lesquelles le lapin des neiges, le rat à trompette des Pyrénées ou le grand hamster d'Alsace. Vautour moine, grue cendrée, pie-grièche à poitrine rose… un tiers des oiseaux nicheurs, et même la moitié en Île-de-France selon l'Institut Paris Région[9], l'agence d'aménagement et d'urbanisme d'Île-de-France, le sont aussi. Les chauves-souris, qui ont tendance à se prendre les ailes dans les pales des éoliennes comme les oiseaux migrateurs, seraient aussi victimes de l'agressivité des perruches exotiques qui prospèrent en région parisienne.

À l'échelle du pays, le bilan est affolant. L'alouette des champs, la perdrix, la linotte mélodieuse, le chardonneret élégant ou le serin sont en déclin. La bécassine des marais est classée en « danger critique » par l'UICN, le milan royal et le martin-pêcheur sont considérés comme vulnérables. Emblème des monts d'Arrée en Bretagne, le courlis cendré est sous surveillance. En ville, l'hirondelle de fenêtre ne fait plus vraiment le printemps. La moitié ont disparu des écrans radars.

Pourcentages d'espèces menacées en France métropolitaine

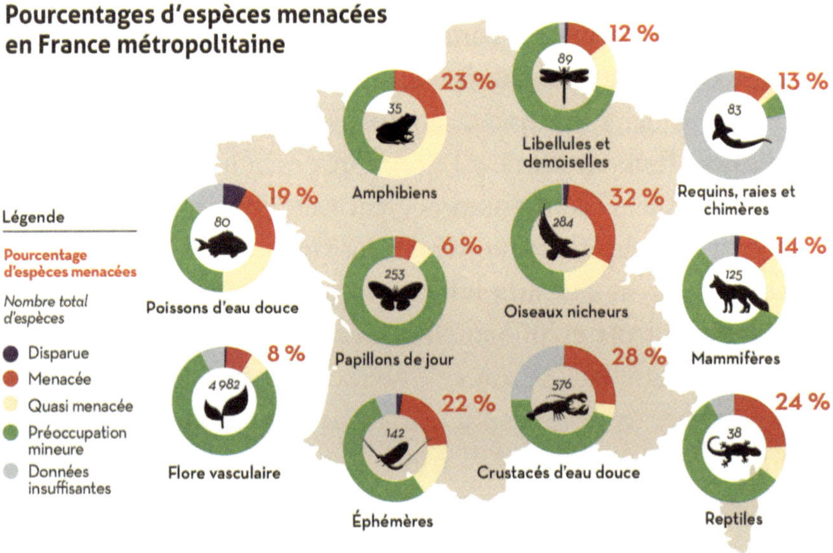

Quelques exemples de pourcentages d'espèces menacées en outre-mer

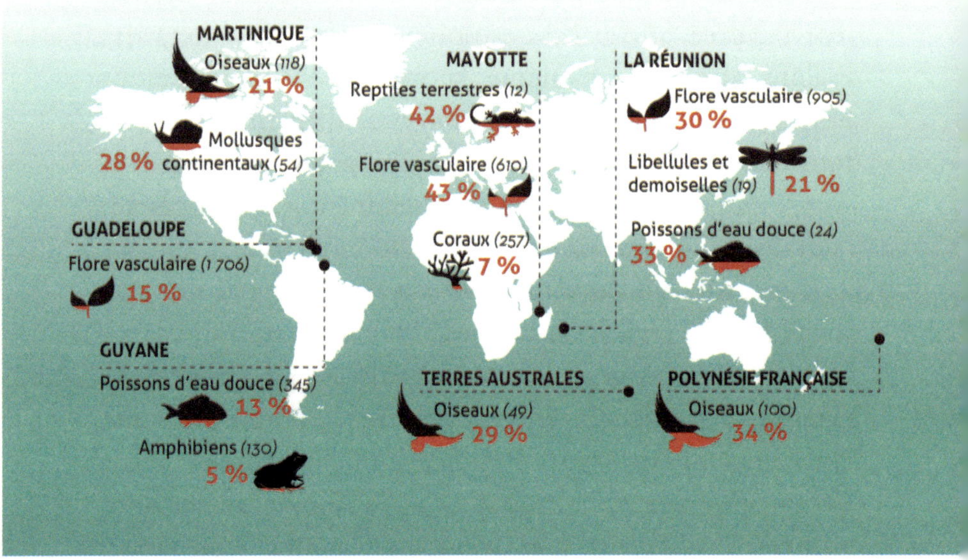

Sur 13 842 espèces mesurées en France et en outre-mer, 2 430 sont menacées et 187 ont déjà disparu.

Autres volatiles en danger, le gobe-mouches noir de la forêt de Fontainebleau, la fauvette pitchou et le moineau friquet dont on entend de moins en moins à la campagne résonner le chant saccadé. Le nombre des moineaux parisiens a fondu des trois quarts en l'espace de quinze ans. En Île-de-France, plus de la moitié des oiseaux nichant en milieux humides ou aquatiques sont menacés et 20 % des papillons ont disparu entre 2006 et 2015[10].

« Syndrome du pare-brise »

Poids lourds de la biodiversité mondiale dont ils représentent 80 % des espèces, les insectes (criquets, grillons, sauterelles, papillons, mouches…) disparaissent du paysage. Au volant de sa voiture, chacun peut s'en rendre compte au travers du fameux « syndrome du pare-brise ». Et s'il y a moins d'insectes, il y a logiquement moins d'oiseaux insectivores.

Chez les graciles libellules, la déesse précieuse des tourbières du Jura et la cordulie alpestre sont entre la vie et la mort. Dans la grande famille des insectes, le sort des papillons et des abeilles émeut davantage l'opinion publique. Pourtant, en France, seuls 6 %[11] des premiers sont en danger à commencer par le fadet, papillon emblématique des zones humides.

Le déclin des abeilles est nettement plus préoccupant. L'Union nationale de l'apiculture française (Unaf) avance un taux de mortalité de 30 % dans les ruches. En cause notamment les redoutables « tueurs d'abeilles » que sont les insecticides néonicotinoïdes, en principe interdits en France, et le frelon asiatique.

Victimes des fortes chaleurs, qui les anesthésient et bousculent la floraison des plantes qu'elles ont l'habitude de butiner, les abeilles domestiques et sauvages souffrent de la sécheresse qui réduit la production de nectar des fleurs. Si leur diagnostic vital devait être engagé dans les années à venir, les dégâts seraient considérables et pas seulement pour la production de miel.

Sans abeilles pas de fleurs

Sans abeilles et autres pollinisateurs (mouches, bourdons, papillons, hannetons, scarabées...), pas de plantes à fleurs, ce qui priverait les oiseaux et les herbivores de leur plat préféré. Inconnus du grand public, les syrphes, ces petits-cousins des mouches et des moustiques, jouent un rôle primordial mais ces « mouches à fleurs » sont menacées d'extinction.

La raréfaction des pollinisateurs risque de provoquer des réactions en chaîne qui toucheront finalement nos ressources alimentaires puisque les deux tiers des fleurs sauvages et des plantes cultivées sont pollinisées par les insectes. Cela signifierait un écroulement de la production de pommes, d'abricots, de pêches, de melons, de légumes, d'oléagineux et de protéagineux.

Autre source d'alimentation qui pourrait en partie se tarir, les poissons de haute mer. « Certaines espèces supportent mal la chaleur et les canicules marines augmentent leur mortalité », explique Wolfgang Cramer, de l'IMBE. Moins riche en oxygène, une eau de mer trop chaude devient rapidement invivable. En Atlantique nord, le cabillaud et la dorade rose sont déjà en voie de disparition et le merlu ne survit pas longtemps dans une eau dépassant 13 °C.

Identifiée comme l'un des trente-six *hotspots* de la biodiversité planétaire, la Méditerranée concentre toutes les attentions. Si elle ne couvre que 1 % de la surface des océans, elle abrite 20 % des espèces marines connues, y compris requins, dauphins, baleines et rorquals.

Le réchauffement rapide des eaux décime des coquillages et des crustacés, comme la grande nacre et les gorgones, réduit la fertilité et donc les stocks de poisson. Il déchaîne les proliférations d'algues et les pullulations de méduses. Véritable Attila des mers, la méduse mauve, par exemple, engloutit les larves des poissons et des tonnes de minuscules mollusques et crustacés.

Barracuda

Les méduses ne sont pas le seul fléau en Méditerranée. Combinés entre eux, la surpêche, la pollution plastique, le réchauffement et l'acidification* des eaux composent

* L'acidification des océans est un risque majeur pour la biodiversité marine. Elle résulte d'une absorption trop grande de dioxyde de carbone (CO_2). Par réaction chimique, le CO_2 se transforme en acide carbonique et augmente l'acidité de l'eau. Cela freine la croissance des phytoplanctons, qui sont à la base de la chaîne alimentaire marine et contribuent à l'oxygénation de l'eau. L'acidification fragilise également le squelette des coraux.

un cocktail mortel. Raie, dorade, merlan, maquereau… un poisson sur cinq pêchés en Méditerranée devrait connaître une « extinction locale[12] » dès 2050. À l'horizon de la fin du siècle, les anchois et les sardines pourraient, de leur côté, subir une cure sévère d'amaigrissement avec une disparition d'un tiers, au pire, de leurs populations[13].

Il faut ajouter un autre ennemi venu des mers chaudes. « Des espèces tropicales originaires de la mer Rouge ou de l'océan Indien migrent par le canal de Suez vers la Méditerranée où elles dévorent les espèces autochtones », indique Wolfgang Cramer. Les scientifiques ont donné un nom à ces hôtes indésirables : les espèces lessepsiennes en référence au comte Ferdinand de Lesseps, le « père » du canal de Suez.

Exemple : attirée par les eaux de plus en plus tièdes de la « Grande Bleue », l'algue rouge a débarqué sur nos côtes, ravageant les herbiers de posidonies et la vie marine qui y trouve refuge. Un cauchemar qui rappelle l'épidémie de *Caulerpa taxifolia*, l'« algue tueuse » vert fluo qui s'était échappée à la fin des années 1980 de l'aquarium du musée océanographique de Monaco.

Parmi les superprédateurs passés par le canal de Suez, le féroce barracuda, arrivé l'un des premiers, côtoie des mérous bruns et, depuis 2012, des rascasses volantes. Appelée poisson-lion, poisson-cobra, poisson-scorpion et même poisson du diable dans les Caraïbes, l'espèce venimeuse et gloutonne est un redoutable carnivore. Dévoreur d'algues et de petits invertébrés, le poisson-lapin est tout aussi calamiteux.

Conséquence du réchauffement climatique, un millier d'espèces exotiques a envahi la Méditerranée et le phénomène, aggravé par l'élargissement du canal de Suez en 2015, s'accélère : en une décennie, leur nombre a bondi de 40 %[14]. Problème, les envahisseurs lessepsiens ne sont pas seuls à faire des ravages. Venu d'Amérique dans les cales des navires marchands, le vorace crabe bleu a colonisé les lagunes et les étangs du golfe du Lion où il se repaît de poissons, de mollusques, d'anguilles, de crevettes…

« Syndrome de la tour Eiffel »

Quant aux rives de la Méditerranée, elles sont infestées d'une autre espèce exotique envahissante, la fourmi d'Argentine. Arrivée elle aussi par bateau en passager clandestin, la *Linepithema humile*, sans pitié pour de nombreuses espèces locales, a retrouvé chez nous le climat argentin. Bien acclimatée, elle a formé une super-colonie de millions d'individus qui s'étalent de l'Espagne à l'Italie en passant par les côtes françaises.

Surexploitation de la nature, pollutions, pesticides et, maintenant, désordres climatiques… est-il trop tard pour arrêter la machine à détruire la biodiversité ? Si cela continue, « on va toucher à l'espèce de trop et l'écosystème va basculer[15] », prévient Bruno David qui parle du « syndrome de la tour Eiffel ». On peut ôter de petites poutrelles à la Dame de fer sans qu'elle s'effondre, mais si on enlève la pièce métallique de trop, tout l'édifice s'écroule comme un château de cartes.

Bien sûr, le pire n'est pas certain. D'abord, la nature a des capacités insoupçonnées de résilience. Après la catastrophe de Tchernobyl, dans la zone interdite autour de la centrale, elle a repris très vite ses droits. Autre exemple plus récent, avec le confinement et l'arrêt des activités instaurés pour se protéger du Covid-19, on a vu aussitôt la vie sauvage renaître, des renards et des sangliers s'aventurer en ville.

Fleur carnivore

Ensuite, le vivant a des facultés étonnantes d'adaptation. On a ainsi découvert de l'antigel dans le sang de lézards résistant au froid, qu'une fleur des tourbières s'est faite carnivore en réponse à la pauvreté organique des sols. Au large de Tahiti, un corail a trouvé le moyen de résister au changement climatique.

Mieux, dans une étude publiée en 2022 dans la revue *Science*[16], des chercheurs de l'université de Canberra ont observé qu'une vingtaine d'oiseaux et de mammifères, dont le campagnol alpin, avaient évolué deux à quatre fois plus vite que ce qu'on imaginait pour s'adapter au changement climatique.

Des exceptions qui, selon Florian Kirchner de l'UICN, ne démentent malheureusement pas la règle générale. « De tous temps, dit-il, les espèces se sont adaptées aux périodes de réchauffement et de refroidissement du climat. Des animaux perdent leurs poils ou modifient leur température interne mais ils le faisaient au cours de milliers d'années d'évolution. Cette fois, le réchauffement est si rapide que des espèces n'auront pas le temps de s'adapter, au fil des générations, par sélection naturelle. »

Pourtant, on voit des parades se mettre en place. Des oiseaux migrateurs, comme les cigognes, élisent domicile chez nous plutôt que de passer l'hiver en Afrique ou avancent leur voyage pour coller à la naissance précoce des insectes. Des espèces des zones tempérées commencent à migrer vers les pôles en quête de fraîcheur. « Des poissons de l'Atlantique vont monter jusqu'au Groenland, des mammifères des plaines s'installer en montagne », affirme Bruno David.

Inévitable, le grand déménagement vers les pôles ou en altitude n'est pas à la portée de tous. Pour retrouver les mêmes conditions de températures, les espèces devront monter au nord de 200 kilomètres ou grimper de 100 mètres en altitude chaque fois que le climat se réchauffe de + 1 °C. Sacrée épreuve.

Course vers les sommets

Seules les plus mobiles auront leur chance, comme ces papillons du Maghreb qui font déjà leur apparition dans le sud de la France. Les maquereaux et les harengs du golfe de Gascogne ou de la Manche remontent sans problème vers les eaux plus fraîches de la mer du Nord. D'autres espèces au contraire ne peuvent progresser que de quelques centimètres par an et la moindre route, la plus petite voie ferrée leur sont un obstacle infranchissable. Enfin, dans la course vers les sommets, les guerres de territoire feront forcément des morts.

À l'inverse, des espèces seront avantagées. « C'est le cas, explique Florian Kirchner, des animaux dits ubiquistes, comme les oiseaux, qui peuvent s'installer n'importe où. Les espèces dites thermophiles, celles en particulier d'origine tropicale, n'auront aucun problème. Il suffit de voir la facilité avec laquelle le moustique-tigre est en train de coloniser l'Europe. »

Dans les zones de montagnes sensibles au réchauffement climatique, « les températures minimales de l'été vont augmenter, ce qui va permettre à des insectes de monter en altitude, signale de son côté David Roiz[17], chercheur à l'Institut de recherche pour le développement. Les moustiques vont coloniser les Alpes ». En montagne, les touristes vont découvrir les joies des piqûres de moustiques, privilège jusqu'ici des vacanciers du bord de mer ou de la vallée du Rhône.

Divorces mortels

La migration forcée de cohortes d'animaux aura un effet potentiellement dévastateur sur la biodiversité. Les scientifiques parlent de « désynchronisation » dans le temps ou dans l'espace des espèces. « Certaines vivent en symbiose exclusive, explique Bruno David. Si un seul des deux bouge, l'autre ne peut survivre. » Les exemples abondent de ces divorces mortels pour l'un des deux partenaires.

Voyez la mésange. Elle nourrit ses oisillons de chenilles qui, sous l'effet du réchauffement climatique, sortent plus tôt de leur œuf alors que l'oiseau n'a pas modifié sa période de ponte. Résultat : à la naissance, les oisillons n'ont plus de chenilles à se mettre sous le bec. Même sort tragique pour les manchots royaux des Kerguelen et de Crozet. Pour suivre les bancs de poissons dont ils nourrissent leurs petits, ils parcourent de plus longues distances ; le temps qu'ils reviennent, leurs poussins sont morts de faim.

Dans la course à la survie, il y aura, répétons-le, des perdants et des gagnants. Et le tri sera sévère. « Des espèces seront piégées, affirme Bruno David, parce qu'elles vivent aux extrémités nord ou sud de la Terre, au sommet des montagnes, ou que leur rythme de renouvellement des générations est trop lent par rapport à la rapidité du changement climatique. Ce qui va entraîner des extinctions à une vitesse jamais vue dans l'histoire de la planète. »

Face à cet écroulement possible de la biodiversité, les États se mobilisent. En décembre 2022, une conférence mondiale sur la biodiversité s'est tenue au Canada. De son côté, la Commission européenne a proposé aux 27 pays membres de l'UE de voter une loi obligeant à restaurer, d'ici à 2030, les écosystèmes (forêts, prairies, espaces marins...) dévastés par les activités humaines. La France, enfin, a mis en chantier une « stratégie nationale biodiversité », assortie d'un plan de lutte contre les espèces exotiques envahissantes, censée stopper d'ici à 2030 le déclin de la faune et de la flore.

Une opération de la dernière chance en quelque sorte après le « bilan décevant » de la loi Biodiversité de 2016. « Non seulement la reconquête n'est pas amorcée mais le déclin se poursuit », résume un avis[18] récent du Conseil économique, social et environnemental qui tacle aussi les précédentes stratégies nationales pour la biodiversité restées « très en deçà des objectifs ».

Dans un pays où sur 12 500 espèces végétales et animales recensées, 2 300 sont aujourd'hui en danger, « on voit bien que les actions de conservation de la biodiversité ne sont pas à la hauteur des enjeux, conclut Florian Kirchner. Il faut faire beaucoup plus car, depuis la création en 2009 de la liste rouge des espèces menacées en France, la situation s'est dégradée et tous les signaux montrent qu'elle va continuer à s'aggraver ». D'autant que, pour la biodiversité, un ennemi redoutable est en train, avec le réchauffement des températures, de gagner en puissance : les feux de forêt.

4

La France incendiée

La France s'embrase. Au cours de l'été 2022, le plus chaud jamais enregistré par Météo France après la canicule historique d'août 2003, la France, meurtrie par des incendies hors norme, a été accablée par trois épisodes caniculaires.

Avec une série époustouflante de neuf mois sur douze au-dessus des normales de saison, le pays a cumulé des chaleurs et des incendies record. Canicules et feux géants : le changement climatique va-t-il nous imposer ce cocktail brûlant ?

Est-ce vraiment une fatalité ? Après tout, on a vu des étés suffocants, en 1976 par exemple, suivis d'étés doux et pluvieux. « Il ne faut pas confondre la variabilité naturelle du climat, qui peut être forte, avec le signal de fond du changement climatique », rectifie Fabio d'Andrea[1], physicien du Laboratoire de météorologie dynamique de l'École normale supérieure.

Que nous dit ce « signal de fond » pour la France ? Le message est aussi limpide qu'inquiétant. Le pays réputé pour la douceur de son climat se réchauffe plus vite que le reste du monde. Pas étonnant pour le physicien du climat. « Le réchauffement est plus fort sur les continents que sur les océans, rappelle Fabio d'Andrea, et d'autant plus fort que l'on monte des tropiques vers les moyennes et hautes latitudes. »

Climat semi-aride

Alors que la température moyenne sur Terre s'est élevée de 1,1 °C depuis les débuts de l'ère industrielle (1850-1900), dans le même temps, le thermomètre hexagonal s'est affolé. Il a grimpé de 1,7 °C, a calculé Météo France. À Paris[2], il a même fait un bond de 2,3 °C.

Même chose à Montpellier, qui est passé d'un climat méditerranéen subhumide à un climat semi-aride. Plus au nord, la Lozère est passée d'un climat tempéré humide à un climat méditerranéen. Alors, deux petits degrés d'élévation de la température moyenne, est-ce vraiment grave ?

À l'évidence puisque ces deux degrés ont déjà bouleversé notre environnement. Neuf des dix années les plus chaudes depuis un siècle ont eu lieu après l'an 2000. La canicule de 2003 a fait 19 500 morts, 2018 a aligné neuf mois consécutifs de températures au-dessus des normales, la chaleur a causé 2 000 morts en 2020 et l'été 2022 a totalisé une durée record de trente-trois jours de canicule.

On en oublierait presque la terrible année 2019. Pour la première fois depuis 2003, l'alerte rouge a été déclenchée afin d'éviter une nouvelle hécatombe. Le 28 juin, le record de France de chaleur est pulvérisé avec 46 °C mesurés à Vérargues dans l'Hérault où 80 % des vignes de muscat ont littéralement grillé sur pied en moins d'une heure.

En juillet de la même année, une seconde vague de chaleur aussi ardente que la précédente a surpris le pays. Le mercure est monté à plus de 40 °C au Mans, à Dunkerque et à Paris. Du jamais-vu sous ces latitudes, s'étonne à l'époque Météo France ébahie par cette « avalanche de records historiques de chaleur ».

Brocéliande en feu

Depuis, « on a démontré que le réchauffement climatique dû aux activités humaines a multiplié par dix la probabilité de voir survenir une telle vague de chaleur », indique Robert Vautard[3], directeur de l'Institut Pierre-Simon-Laplace (IPSL), membre du GIEC.

En réalité, « on a déjà complètement changé de régime de températures, poursuit le climatologue de l'IPSL. Les moyennes estivales se situent aujourd'hui dans les maximales de chaleur des étés du XXe siècle. Depuis 2015, nous n'avons pas un été sans vagues de chaleur extrême, ce qui aurait été quasi impossible sans le changement climatique ».

Deux fois plus de vagues de chaleur en 2050

1990

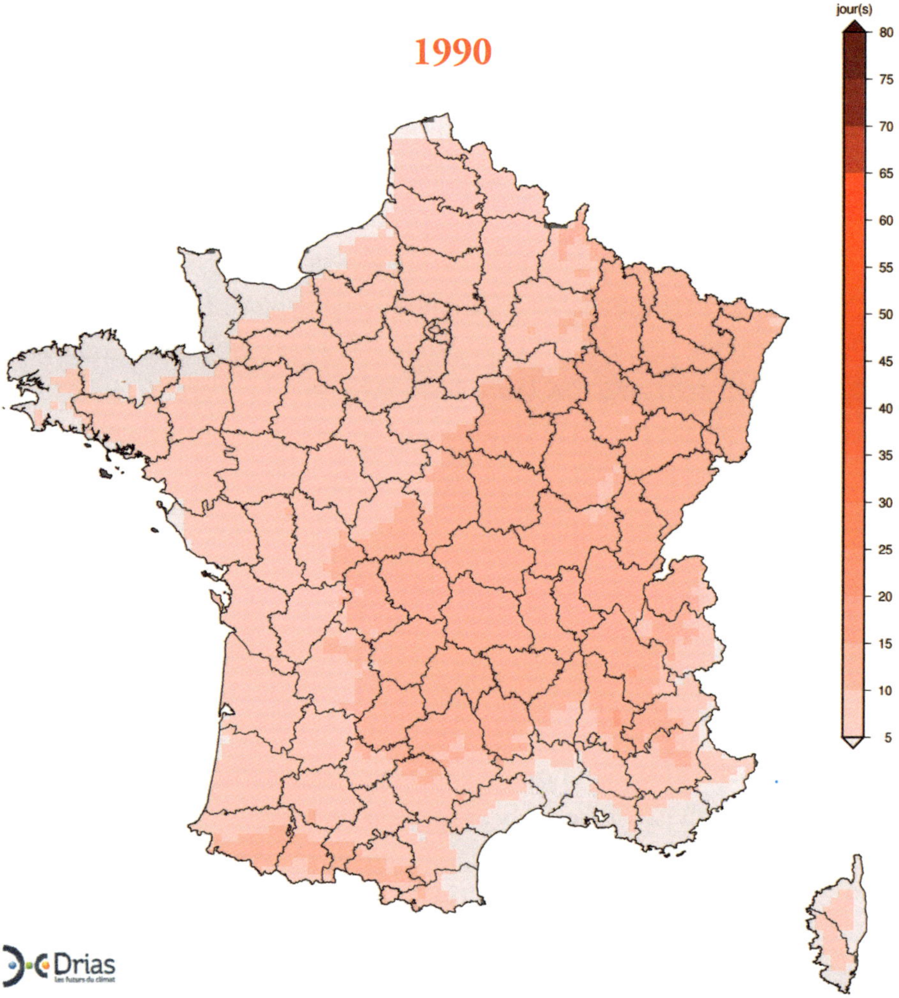

Selon Météo France, la fréquence des vagues de chaleur (plusieurs jours consécutifs de jours anormalement chauds) devrait doubler d'ici 2050 quelles que soient nos émissions de gaz à effet de serre.

2055

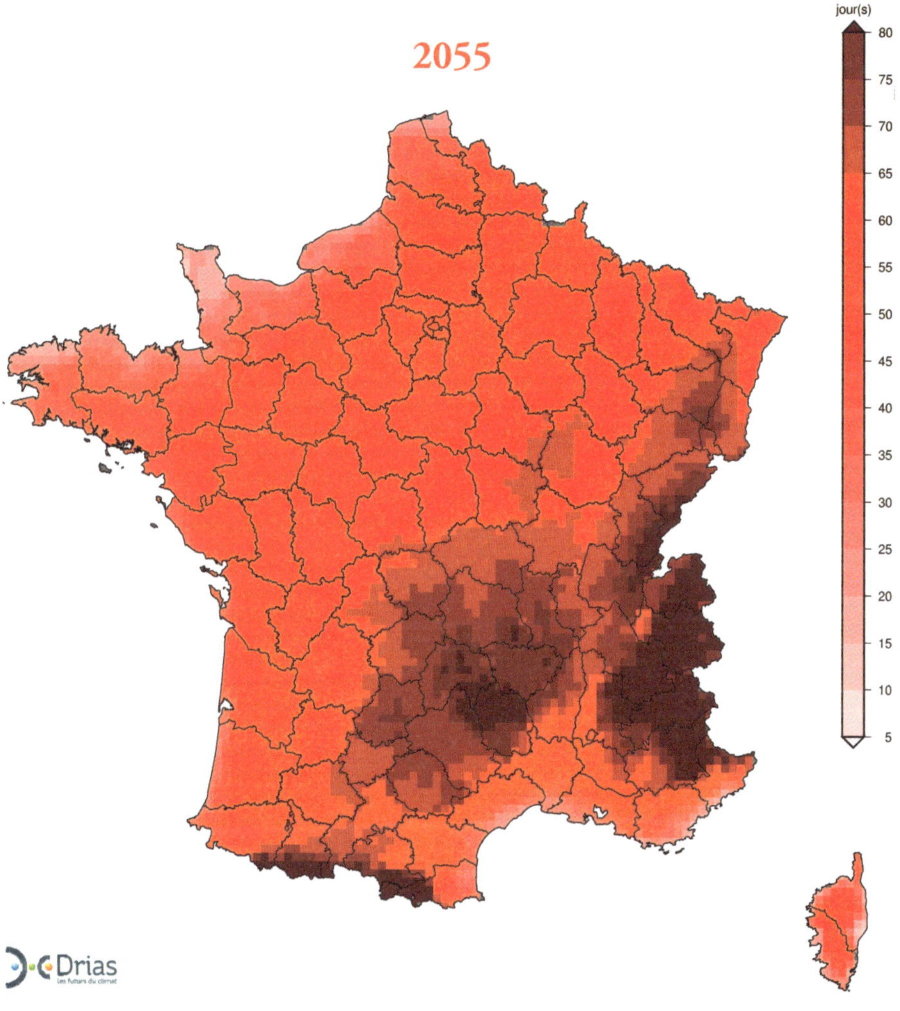
jour(s)
80
75
70
65
60
55
50
45
40
35
30
25
20
15
10
5
Drias
Les futurs du climat

Conséquence de ces vagues de chaleur à répétition, les feux de forêt se multiplient. Avec plus de 72 000 hectares – six fois la superficie de Paris ! – dévorés par les flammes en 2022 en Gironde, dans le Var, le Gard, ou les monts d'Arrée et la légendaire forêt de Brocéliande en Bretagne, la surface partie en fumée est cinq fois plus vaste qu'à l'ordinaire. On n'est pas loin du score de 2003 (73 000 hectares brûlés).

Car la carte des incendies ne cesse de s'étendre. L'an dernier, toutes les régions, y compris celles jusqu'ici épargnées comme les Vosges ou la Franche-Comté, ont enregistré deux fois plus de départs de feux. Plus inquiétant, les mégafeux, que l'on voit régulièrement embraser la Californie, la Grèce, l'Espagne ou le Portugal, ont fait leur apparition en France.

Ce fut le cas en Gironde à Landiras et à La Teste-de-Buch, près du bassin d'Arcachon, en juillet 2022 et dans le massif des Maures et l'arrière-pays de Saint-Tropez en août 2022. Désormais, ces feux géants risquent de profiter tous les étés de conditions idéales. Chaleurs torrides, vents violents et végétation desséchée : un cauchemar pour les soldats du feu qui vont devoir faire face à un ennemi nouveau et surpuissant.

« Les mégafeux, qui se propagent à 10 kilomètres-heure, sont incontrôlables, témoigne le lieutenant-colonel Aurélien Manenc[4], porte-parole des pompiers de l'Hérault. Ils sont si puissants qu'ils créent leur propre énergie, ils s'autoalimentent. » Des feux apocalyptiques quand les nuages « cracheurs de feu », comme les a surnommés la NASA, s'en mêlent. Un phénomène jusque-là inconnu en France.

Pyrocumulonimbus

« En cas de grands feux, de gigantesques panaches de fumée envoient de l'air chaud vers les couches supérieures de l'atmosphère et forment des pyrocumulonimbus à l'origine de violents orages », explique Jean-Luc Dupuy[5], directeur de recherche à l'Unité d'écologie forestière à l'INRAE*. Sur leur passage, ces pyrocumulonimbus déclenchent des éclairs d'une violence inouïe qui allument à leur tour de nouveaux feux quelques kilomètres plus loin. Un combat le plus souvent perdu d'avance pour les pompiers.

Chaleurs et feux de forêt : l'été 2022 aura été exceptionnel. D'autant qu'il s'est prolongé par une semaine mi-octobre autour de 30 °C dans le Sud-Ouest, avec un record absolu le 18 octobre de 34 °C à Orthez, et des écarts de + 10 % par rapport à la normale à Strasbourg et à Tours. Un « été indien » aussi chaud à la veille de la Toussaint, c'est quasiment du jamais-vu de mémoire de météorologue.

Tout cela n'est que la bande-annonce de la catastrophe à venir. Laquelle pourrait arriver plus vite que prévu tant la tendance s'accélère. « Les normales de températures ont augmenté entre 2011 et 2020 deux fois plus vite que dans la décennie précédente », observe Jean-Michel Soubeyroux[6], de Météo France.

À ce rythme, prévient-il, « la France risque de se réchauffer de 2,2 °C au milieu du siècle ». Concrètement, « une France

* L'INRAE (Institut national de recherche pour l'agriculture, l'alimentation et l'environnement) est issu de la fusion le 1er janvier 2020 de l'INRA (Institut national de recherche agronomique) et de l'IRSTEA (Institut national de recherche en sciences et technologies pour l'environnement et l'agriculture).

L'inquiétante propagation des feux de forêt

1990

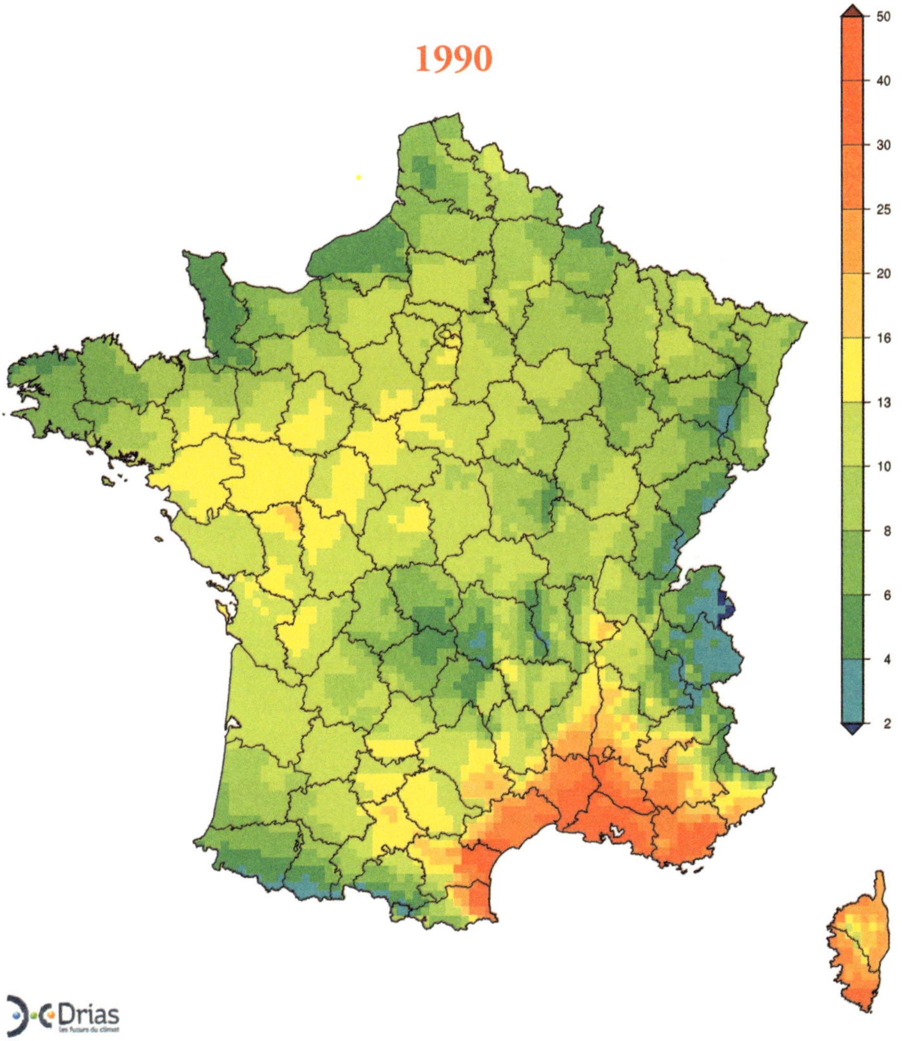

L'indice forêt météo (IFM) est utilisé par Météo France pour mesurer les risques d'incendie. À partir de 20, le risque devient sérieux. Le risque de départs de feux pourrait progresser de 30 % à l'horizon 2040 et de 75 % d'ici à 2060.

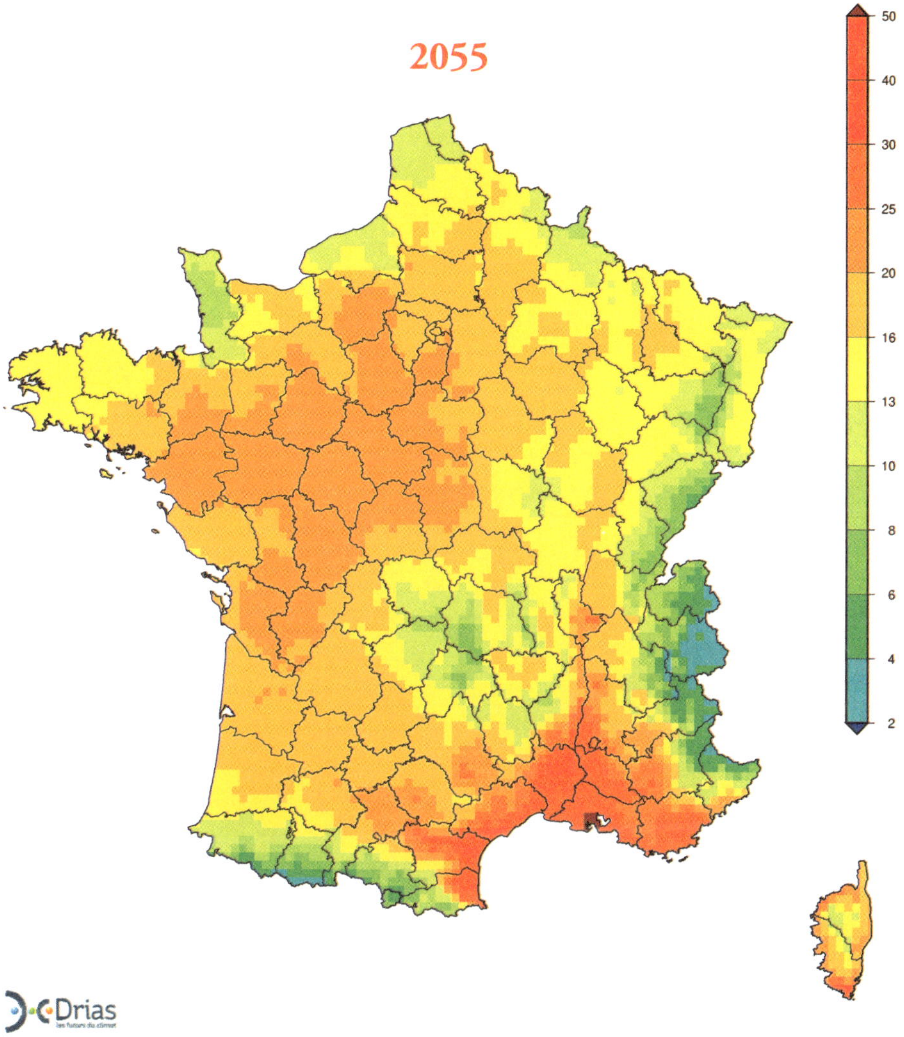
2055
50
40
30
25
20
16
13
10
8
6
4
2
Drias
les futurs du climat

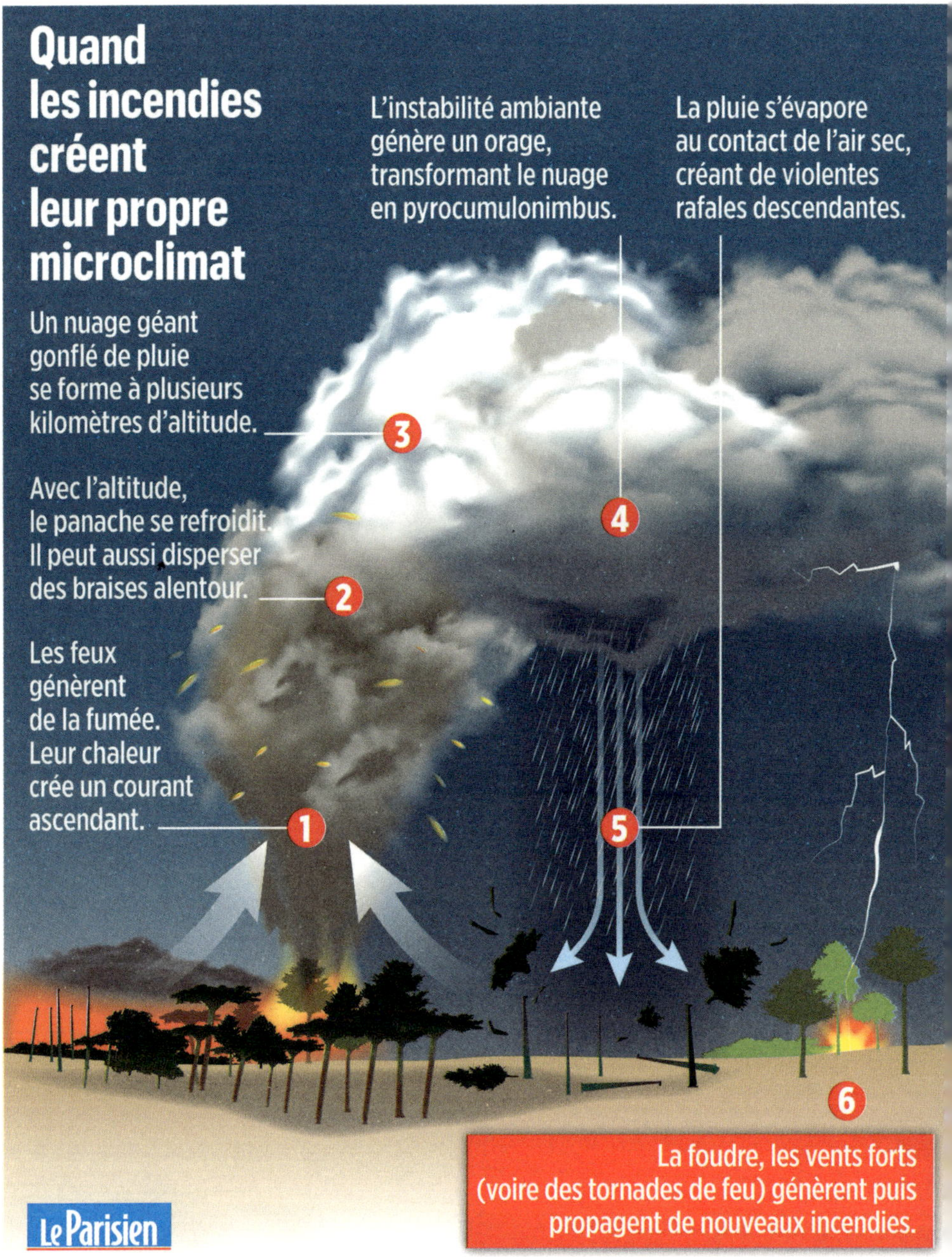

Les incendies peuvent donner lieu à d'immenses panaches incandescents. Au contact de l'air froid d'altitude, ils donnent naissance à des pyrocumulonimbus, ces nuages à l'origine de violents orages dont les éclairs provoquent de nouveaux incendies.

à + 2 °C, ce n'est pas un pays inhabitable mais un monde où, certains jours, les températures seront insupportables, voire mortelles », alerte Robert Vautard.

Nous sommes déjà dans l'Hexagone à + 1,7 °C. La cote d'alerte de + 2 °C maximum en 2100 fixée par l'accord de Paris sera donc probablement franchie d'ici à 2050 partout en France. En Occitanie, on y est presque avec une hausse des températures de + 1,92 °C entre 1959 et 2019 ; à Paris, c'est déjà fait : le thermomètre y a grimpé de 2,3 °C depuis la fin du XIXe siècle.

Pour avoir une idée de ce qui nous attend dans une France à + 2 °C, projetons-nous le 13 août 2050. La canicule dure déjà depuis neuf jours, une cinquantaine de départements sont en alerte rouge. Météo France annonce 41,5 °C à Poitiers, 41,9 °C à Lyon et 42,7 °C à Bordeaux. Avec 44,1 °C, Paris étouffe, un voile de chaleur recouvre la capitale, l'air est irrespirable.

Des pics à 50 °C

Ce bulletin météo fictif mais établi sur des modélisations bien réelles a été publié par Météo France en 2020 pour illustrer cet « effet grille-pain » du réchauffement planétaire qui va rendre notre vie quotidienne extrêmement pénible. « Vers 2050, une canicule aussi grave que 2003 se produira tous les deux ans », insiste Fabio d'Andrea.

Dans un monde plus chaud de 2 °C en 2050, « les étés seront plus intenses qu'actuellement avec potentiellement des pointes à 50 °C, ce qui nous rapprocherait des conditions de l'Afrique du Nord », insiste Robert Vautard. Climatologue de renommée mondiale, Jean Jouzel est allé plus loin.

S'appuyant sur une étude[7] de plusieurs centres de recherche européens, l'ancien vice-président du GIEC avertissait dès 2017 dans le *JDD* : « Si rien n'est fait, vers 2075, les maximales journalières seront certaines années plus chaudes de 12 à 13 °C dans l'est de la France, de 8 °C en Bretagne. Et cela sur des températures dépassant déjà 40 °C ! On atteindrait ainsi 50 à 55 °C dans certaines régions. »

L'avertissement reste d'actualité. Imagine-t-on des pics de chaleur de 55 °C ! Le choc thermique serait insupportable pour les régions les plus exposées situées sur un axe reliant l'Alsace à la Provence via la Franche-Comté, les Alpes et la vallée du Rhône. À l'ouest de cette ligne, le Massif central, les Pyrénées ou l'Île-de-France n'échapperont pas au coup de chaud.

À Paris, « la fréquence et l'intensité » des canicules vont devenir « un problème urbain critique », anticipe déjà un rapport commandé par la municipalité[8]. Dans le pire des scénarios, la capitale connaîtra en effet un mois par an à plus de 30 °C en 2050 et deux mois de chaleurs caniculaires à plus de 35 °C en 2085.

Chaudron parisien

En clair, Paris sera un chaudron invivable l'été. D'autant, précise le même rapport, que l'intensité des futures vagues de chaleur « est très certainement sous-estimée », puisque l'impact des îlots de chaleur urbains n'est, étrangement, pas pris en compte dans les projections climatiques. Or, « lors d'une canicule, les différences de températures peuvent atteindre 10 °C[9] » entre Paris et la campagne d'Île-de-France.

Les personnes âgées, obèses, cardiaques, asthmatiques, les femmes enceintes, les nourrissons, les sans-abri seront incapables de s'acclimater. « La vulnérabilité aux canicules sera aggravée par les conditions de logement et les inégalités sociales », souligne Erwan Cordeau[10], spécialiste du climat à l'Institut Paris Région.

Comment ceux qui n'ont pas les moyens de quitter la ville, de s'offrir un climatiseur ou, pour les plus âgés, les soins d'une aide à domicile survivront-ils dans cette fournaise ? La question va se poser avec acuité sachant que « 3,7 millions d'habitants, soit un Francilien sur trois, résident dans un îlot identifié comme fortement vulnérable à la chaleur[11] ».

Si Paris retient l'attention, tout le pays connaîtra le même sort. Il fera anormalement chaud une centaine de jours par an à Thionville, un jour sur trois dans les Alpes et plus de cinquante jours dans l'année à Brest. En 2050, on dénombrera en moyenne trois fois plus de nuits caniculaires durant lesquelles la température ne redescend pas sous les 20 °C, ce qui perturbe le sommeil et met l'organisme à rude épreuve.

Ces nuits caniculaires vont doubler à Marseille, tripler à Lyon et Paris, quadrupler à Valence et seront multipliées par cinq à Strasbourg et Clermont-Ferrand. Elles feront même leur apparition en Bretagne et en Picardie.

Avec l'arrière-pays provençal et la vallée du Rhône, condamnés dans trente ans à vivre quarante jours supplémentaires par an à plus de 35 °C, l'Occitanie

Pourquoi il fait plus chaud en ville

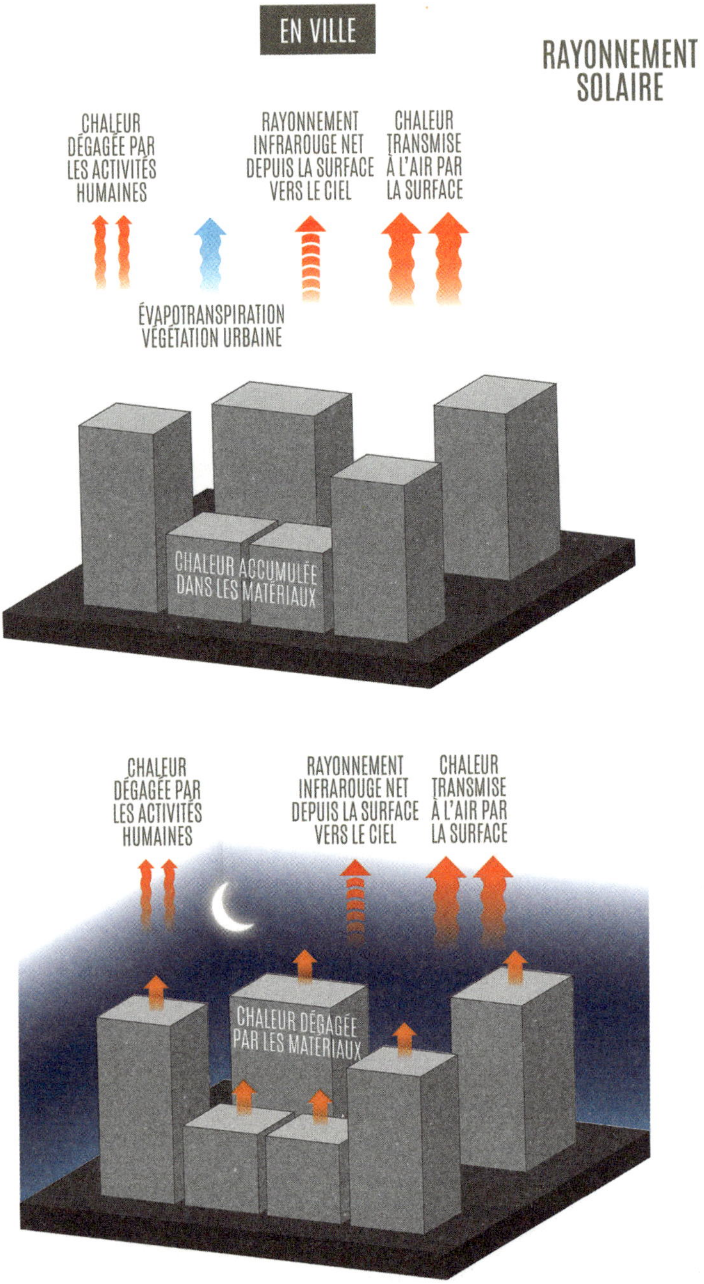

Les sols bétonnés, les rues canyons ou la circulation font qu'il fait plus chaud en ville que dans les zones moins urbanisées. La chaleur accumulée le jour dans les îlots de chaleur urbains se dégage la nuit.

À LA CAMPAGNE
RAYONNEMENT SOLAIRE
CHALEUR TRANSMISE À L'AIR PAR LA SURFACE
ÉVAPOTRANSPIRATION PAR LA VÉGÉTATION
RAYONNEMENT INFRAROUGE NET DEPUIS LA SURFACE VERS LE CIEL
RAYONNEMENT INFRAROUGE NET DEPUIS LA SURFACE VERS LE CIEL

se classera dans le peloton de tête des régions où la vie quotidienne deviendra un enfer.

De Perpignan, dans la plaine du Roussillon, à Nîmes dans le Gard, on suffoquera trois mois et demi de juin à septembre. Période entrecoupée de sept semaines pénibles de canicule intense. La chaleur sera insupportable près de trois mois par an dans le Gers, la Haute-Garonne ou le Tarn qui subiront la double peine : canicules et manque chronique d'eau.

La triple peine plutôt puisque, selon Météo France, les épisodes caniculaires et les sécheresses feront bondir le risque d'incendies de 30 % d'ici à 2040 et de 75 % d'ici à 2060. De trois mois en moyenne aujourd'hui, la saison des feux de forêt s'étalera à la fin du siècle sur six mois. Plus personne ne sera à l'abri des flammes.

« Feux zombies »

« Actuellement, le nombre annuel de jours avec un risque extrême d'incendie […] se retrouve seulement dans le Sud-Est pendant 10 à 40 jours. Vers 2060, la majeure partie du pays sera soumise à ce risque extrême 10 à 20 jours par an tandis que les territoires situés en bordure de la Méditerranée et le long de l'axe rhodanien y seront soumis de 80 à 100 jours par an », s'alarme un rapport du Sénat[12].

Cette extension spectaculaire des risques d'incendie sera « favorisée par le déplacement vers le nord des essences d'arbres pyrophiles, comme le pin d'Alep, qui remonte déjà de l'Hérault vers l'Aveyron », signale le lieutenant-colonel

Aurélien Manenc, représentant dans l'Hérault de la Fédération nationale des sapeurs-pompiers.

Attisés par des températures toujours plus élevées, les incendies seront plus nombreux, plus violents, plus rapides, y compris en ville, et toujours plus difficiles à maîtriser. À côté des mégafeux, on verra ainsi se développer les « feux zombies », tapis des jours dans les sous-bois avant de resurgir par surprise, et les « feux électriques » provoqués par les orages secs sans pluie plus fréquents en période de canicule.

Pour les pompiers, le XXIe siècle sera celui de tous les dangers. « Dans la version pessimiste du climat RCP8.5, on s'attend à une multiplication par trois des feux de forêt dans le sud-est de la France et des niveaux de danger importants dans le reste du pays, souligne Jean-Luc Dupuy, de l'INRAE. Dans ces conditions, il sera difficile pour les forces de lutte contre les incendies d'être aussi efficaces qu'aujourd'hui. »

Version naturelle de la politique de la terre brûlée, le passage répété des flammes pourrait détruire les sols, accroissant le risque d'une dévastation définitive de zones comme le massif des Maures, le parc des Calanques, le maquis corse ou les forêts landaises. Dans le sud de la France, des promeneurs effarés traverseront peut-être dans quelques années des paysages quasi désertiques.

Voilà donc le tableau de la France en 2050 dessiné par les climatologues si le thermomètre grimpe de 2 °C. Des chaleurs tropicales une bonne partie de l'année, les grandes villes, à commencer par Paris, transformées en fournaise deux à trois mois par an, et des brasiers consumant nos forêts six mois de l'année.

Maintenant, imaginons que la cote d'alerte des + 2 °C soit franchie, que la trajectoire de nos émissions de CO_2

ne soit pas, ou pas assez, rectifiée. Alors, le réchauffement pourrait culminer, alerte Météo France, à + 4,5 °C, voire + 6 °C à la fin du siècle. La France sera alors devenue une étuve une grande partie de l'année.

« À chaque degré de réchauffement, indique le climatologue Serge Planton[13], il faut monter de 180 kilomètres vers le nord pour retrouver les mêmes conditions. » Si les températures s'envolent de 6 °C en 2100, il fera alors aussi chaud à Paris qu'à Madrid aujourd'hui, à Lille qu'à Perpignan, à Lyon qu'à Naples et à Montpellier qu'à Grenade.

Engrenage infernal

La douceur angevine sera reléguée au rayon des souvenirs. Selon un rapport publié en juin 2022 par le GIEC des Pays de la Loire, la région pourrait, dans le pire des scénarios, connaître 30 à 40 nuits tropicales et de 49 à 69 jours supplémentaires de vagues de chaleur sur la période 2071-2100.

La solution ? Compte tenu de l'inertie de la machine climatique, une diminution drastique de nos rejets de gaz à effet de serre ne produirait ses effets qu'après 2050. D'ici là, il faut se préparer à des dangers qui s'alimentent les uns les autres. La sécheresse favorise les incendies qui contribuent au réchauffement, lequel aggrave à son tour les sécheresses… engrenage infernal.

Contre la montée en puissance des incendies, on replante après leur passage des essences d'arbres plus résistantes au feu comme le chêne-liège ou l'olivier. « Il faut aussi davantage sensibiliser la population car le nombre de départs de feux est stable depuis des années. Cela signifie que nos messages de prévention, sur l'obligation de débroussailler par exemple, passent mal », affirme le lieutenant-colonel Manenc.

Saison en enfer

Un volet essentiel car, dit-il, « 90 % des feux sont d'origine humaine et huit sur dix se déclarent à moins de 50 mètres d'une habitation, ce qui pose le problème de l'étalement urbain et de l'aménagement des espaces forestiers ». Sur le plan opérationnel, « nous avons besoin, prolonge-t-il, de plus de moyens humains et matériels pour attaquer le plus vite possible les feux naissants et éviter qu'ils se propagent et deviennent incontrôlables ».

Il y a urgence. Après une saison estivale en enfer en 2022, « notre modèle de sécurité civile a été au bord de la rupture », alerte le général Grégory Allione[14]. Le président de la Fédération nationale des sapeurs-pompiers de France (FNSPF) réclame plus d'engins bombardiers d'eau, un centre ultra-moderne de crise et un effectif de 250 000 pompiers volontaires en 2050, soit 50 000 de plus qu'aujourd'hui.

Après le feu, la chaleur. Comment s'en protéger ? Il n'existe que deux moyens : fuir ou s'adapter. « Avec des températures frôlant l'été les 50 °C, on se rapprochera du climat actuel du sud de l'Espagne. À l'avenir, il nous faudra donc nous rapprocher de la façon de vivre des Andalous », considère Jean-Michel Soubeyroux.

Dans une France chauffée à blanc une partie de l'année, nos rythmes de vie vont devoir évoluer. Les journées commenceront plus tôt à l'école et au bureau, les magasins et les services publics adapteront leurs horaires ; le sport et les travaux en extérieur ne seront autorisés que le matin. Les TGV devront réduire leur vitesse aux heures les plus chaudes de la journée.

La France tournera au ralenti l'après-midi et les activités reprendront après le coucher du soleil. On sortira et on dînera plus tard. On aura appris à aménager son logement, à se nourrir, à se reposer et à se vêtir différemment pour mieux résister aux chaleurs extrêmes.

Les villes devront être plantées d'arbres, parsemées d'oasis de fraîcheur, d'ombrières, les murs seront végétalisés, les toits et les façades repeints en blanc pour réfléchir les rayons du soleil et jouer à fond l'effet d'albédo… Les logements anciens devront être rénovés, mieux aérés et mieux isolés.

Climatisation proscrite

« À Paris, nous disposons d'un réseau de pompes qui extraient l'eau de la Seine pour rafraîchir les immeubles. On ne peut pas l'appliquer partout mais c'est une solution », ajoute Erwan Cordeau.

En dehors des maisons de retraite, des hôpitaux ou des crèches, la climatisation électrique, qui refroidit l'intérieur mais rejette de l'air chaud à l'extérieur, devra être proscrite.

« Avec la climatisation, estime Jean-Michel Soubeyroux, on reste dans un système où l'on consomme toujours plus d'énergie pour nous adapter, ce qui revient à aggraver le réchauffement climatique. C'est un cercle vicieux. »

Enfin, des millions de Français qui vivent déjà ou habiteront demain dans les régions en surchauffe et tous ceux qui prévoient de déménager vers le soleil du Midi vont, à plus ou moins brève échéance, devoir changer leurs plans. Mais où aller pour fuir les canicules et trouver un peu de fraîcheur ?

« Au cours des trente prochaines années, répond l'Insee[15], l'ensemble du territoire métropolitain sera exposé à une hausse du nombre de journées et de nuits anormalement chaudes lors des mois de juin, juillet et août. »

Il reste une échappatoire. En 2050, « les populations de Bretagne, de Corse, de Normandie, écrit l'Insee, seront moins exposées aux journées anormalement chaudes […] car les anomalies de chaleur affecteront un peu moins le littoral que l'intérieur des terres ».

Pourquoi ne pas carrément se réfugier en montagne ? Mauvaise idée : le Massif central, le Jura, les Vosges et une partie des Alpes verront le mercure grimper en flèche.

5

La fin des glaciers… et du ski ?

Dimanche 3 juillet 2022, nord-est de l'Italie. Dans un vacarme assourdissant, un pan de la Marmolada, le plus imposant glacier des Alpes italiennes, se décroche brutalement. Une énorme avalanche de glace, de neige et de roche dévale le flanc de la montagne et emporte plusieurs cordées d'alpinistes. Le bilan est lourd : 11 morts.

Survenu après un hiver sec, qui a empêché le glacier de se reconstituer, et une température record de + 10 °C relevée la veille au sommet des Dolomites, le drame n'a pas surpris les glaciologues. Ils savent que la montagne se réchauffe deux fois plus vite qu'en plaine. Au point que se pose désormais dans les Alpes et les Pyrénées la question de l'avenir des stations de ski.

Une certitude : aux avant-postes du réchauffement climatique, les glaciers souffrent de la montée du mercure. Un phénomène accéléré par les canicules à répétition. Dans les Alpes, les coups de chalumeau de l'été 2022 ont propulsé l'« isotherme 0 °C », la ligne au-delà de laquelle

La fonte des glaciers s'accélère

Selon l'Agence spatiale européenne (ESA), les observations satellites montrent que les glaciers ont fondu de 175 milliards de tonnes par an entre 1961 et 2016 (chiffre encore revu à la hausse récemment par le CNRS et le CNES), soit un total de plus de 9 600 milliards de tonnes perdues en un demi-siècle. La fonte des glaciers est, avec la dilatation des océans due à la chaleur, la cause de l'élévation du niveau des océans.

Credit: ESA, adapted from Zemp et al. (2019) Nature, and data courtesy World Glacier Monitoring Service
RUA
-1044
SCA
ASN
CEU
CAU
ASC
ASW
ASE
NZL
ange in glacial ice mass (cumulative)
61 - 2016 in Gigatonnes (Gt)
Gt ~ 1 mm sea level rise
m for the regions has been rounded)
cier area
Loss
Gain
ALA: Alaska -3019
WNA: Western Canada & USA -428
ACN: Arctic Canada North -1069
ACS: Arctic Canada South -416
GRL: Greenland -1237
ISL: Iceland -132
SJM: Svalbard and Jan Mayen -687
SCA: Scandinavia -38
RUA: Russian Arctic -1044
ASN: North Asia -21
CEU: Central Europe -38
CAU: Caucasus and Middle East -25
ASC: Central Asia -43
ASW: South Asia West +119
ASE: South Asia East -112
TRP: Low Latitudes -66
SAN: Southern Andes -1208
NZL: New Zealand -26
ANT: Antarctic and Subantarctic -96
All values in Gt

le thermomètre passe sous 0 °C, de 3 500 mètres en temps normal l'été à 5 000 mètres. Des températures positives au sommet du mont Blanc, c'était du jamais-vu !

« La quasi-totalité des glaciers du monde recule depuis les années 1950 », a rappelé le GIEC en août 2021[1]. Un recul, insistait-il, « sans précédent depuis au moins deux mille ans » provoqué « très probablement » par les activités humaines. Enclenchée il y a plusieurs décennies, la fonte des glaciers n'est pas un phénomène nouveau mais il s'accélère à une vitesse effarante.

Mort des glaciers

Il s'observe d'ailleurs à l'œil nu et le spectacle est poignant. Ainsi, dans les Alpes, l'emblématique Mer de glace agonise sous nos yeux. Le plus grand glacier de France, qui recule de 30 mètres par an, n'est plus que l'ombre de lui-même. En 1850, on le voyait depuis Chamonix, aujourd'hui, les touristes doivent grimper à plus de 1 900 mètres d'altitude pour découvrir une maigre langue de glace grisâtre.

À Argentière en Haute-Savoie, le deuxième plus grand glacier de France donne lui aussi d'inquiétants signes de faiblesse. Présents à son chevet, les glaciologues de l'Institut des géosciences de l'environnement de Grenoble craignent sa disparition totale avant 2100.

Dans les Pyrénées, le glacier d'Ossoue s'étiole si rapidement qu'il aura, lui, complètement fondu en 2050. « Les glaciers pyrénéens sont condamnés à disparaître », se désole Samuel Morin[2], directeur du Centre national de recherches météorologiques (CNRM), coauteur du chapitre dédié à la montagne dans le rapport spécial du GIEC[3] sur l'océan et la cryosphère*.

Sous la barre des 3 000 mètres, « les glaciers alpins subiront le même sort si les températures s'élèvent de + 2 °C d'ici à 2100, poursuit-il. Toute la question est de savoir si l'on perdra 70 % ou 90 % des glaciers alpins et si ceux situés le plus haut dans les massifs de la Vanoise, du Mont-Blanc ou des Écrins résisteront. »

Facteur aggravant, avec la fonte précoce des neiges de printemps, dont la couleur blanche réfléchit les rayons du soleil, les glaciers se réchauffent encore plus vite. Cela signifie-t-il que leur sort est scellé ? « Tout porte à croire qu'ils ont passé un cap, notamment dans les Alpes du Nord, et qu'ils sont entrés dans une phase finale de récession », répond Samuel Morin.

Or, qui dit glacier dit neiges éternelles. Dans trente ou quarante ans, elles ne seront plus sans doute qu'un lointain souvenir. « On s'attend effectivement à une raréfaction de la persistance au cours de l'été du manteau neigeux en haute montagne et des glaciers, ce que, dans le langage courant, on appelle les neiges éternelles », confirme le directeur du CNRM.

Le terme est bien entendu plus poétique que scientifique. Il n'empêche : les glaciers et les neiges éternelles « sont une composante majestueuse des paysages d'altitude, leur disparition toucherait à notre conception même de la haute montagne, à notre identité culturelle, voire spirituelle pour certains », avance Samuel Morin.

---

* La cryosphère désigne les éléments du système terrestre en mer et sur les terres émergées dans lesquels l'eau est présente à l'état solide : calottes polaires, pergélisol, lacs et mers gelés, icebergs, glaciers…

En 2050, les hivers seront plus doux, le gel plus rare

1990

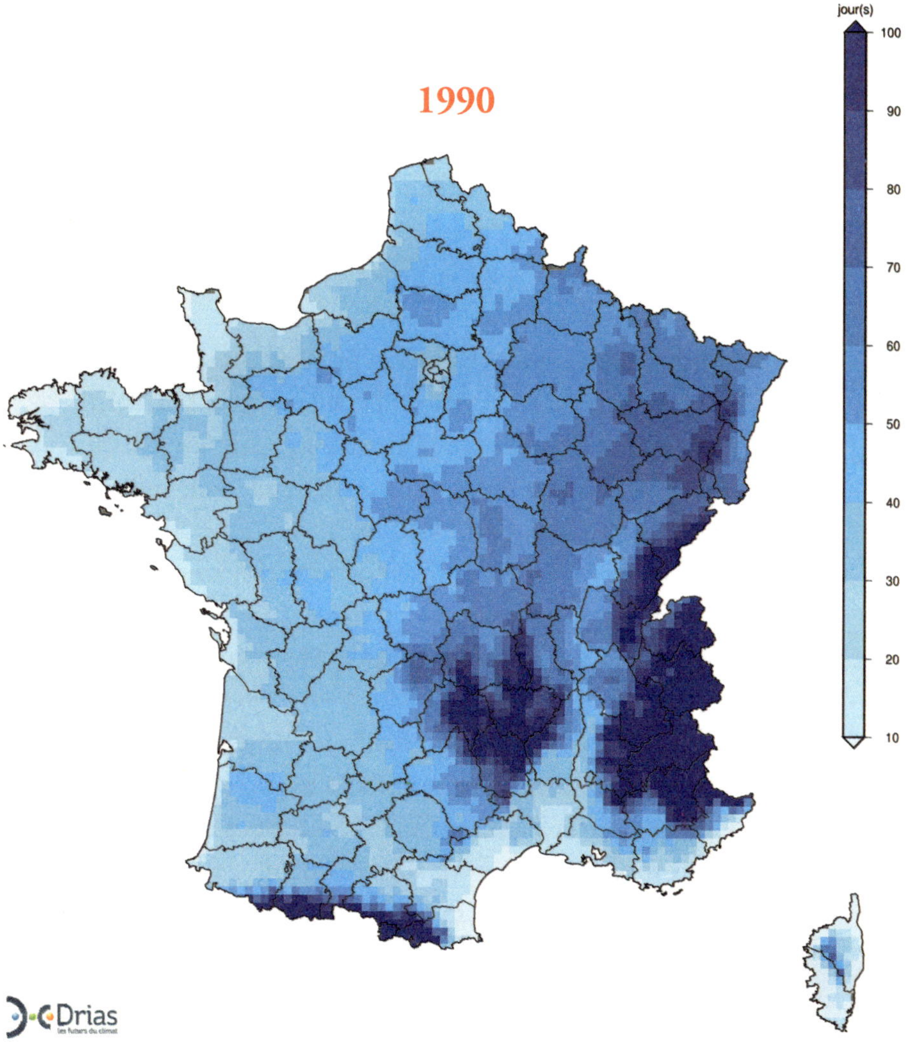

Dans le scénario RCP8.5, le nombre de jours de gel sera nettement inférieur à ce que l'on connaît aujourd'hui, y compris en montagne. La France connaîtra en 2050 un hiver sur trois sans neige.

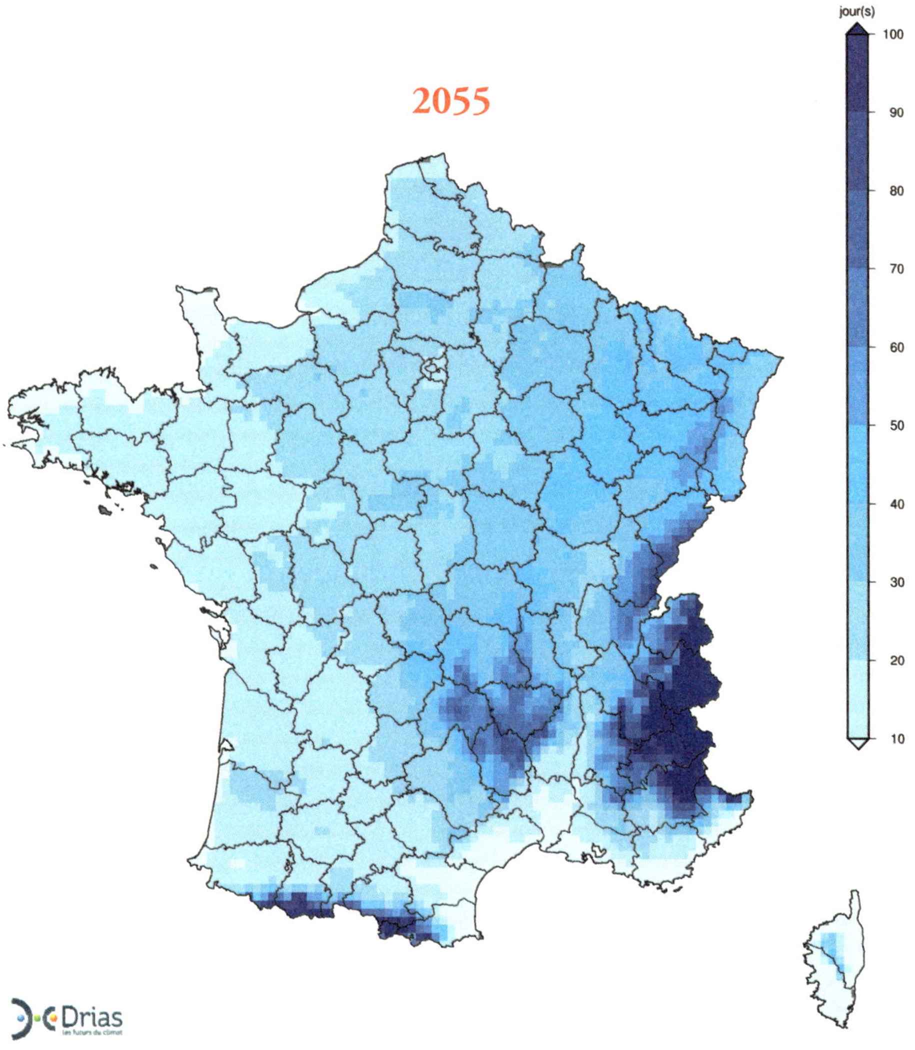
2055
jour(s)
100
90
80
70
60
50
40
30
20
10
Drias
les futurs du climat

Plus concrètement, l'effacement des glaciers favorise les éboulements, les avalanches et rend impraticables ou dangereux les accès à certains massifs pour les randonneurs et les alpinistes. L'été, il affecte les ressources en eau des bassins-versants de montagne pour lesquels les glaciers jouent un rôle important.

Enfin, le recul des glaciers s'accompagne d'un autre phénomène plus lourd encore de conséquences pour l'économie des montagnes françaises. Les chutes de neige seront moins fournies à l'avenir dans une France soumise à un radoucissement généralisé du climat, en particulier sur les reliefs.

D'ici à 2050, Météo France annonce dans tout le pays des vagues de froid et des jours de gel « divisés par deux[4] » même dans le scénario optimiste d'émission de gaz à effet de serre. En 2050, deux hivers sur trois seront tout simplement privés de neige.

Précieux filon

C'est en montagne que le radiateur climatique est le plus chaud. Résultat : « À basse et moyenne altitude, nous avons perdu en moyenne un mois d'enneigement en cinquante ans, observe Samuel Morin. La neige tombe 10 jours plus tard et fond 20 jours plus tôt. » Dans les Pyrénées, les stations ont décalé leurs dates d'ouverture « avec des retards de 5 à 55 jours à basse altitude et de 5 à 30 jours à moyenne altitude[5] ».

Quelle que soit la trajectoire de nos émissions de gaz à effet de serre, Météo France prévoit sur tous les massifs une durée d'enneigement réduite en 2050 « de plusieurs semaines ». Progressivement, les stations de ski vont voir se tarir le filon du précieux or blanc grâce auquel elles attirent les vacanciers au pied des pistes depuis plus d'un demi-siècle.

Tous les domaines skiables ne seront pas toutefois logés à la même enseigne. Il y aura les gagnants et les perdants. « L'effet du réchauffement dépend d'abord de l'altitude, souligne Samuel Morin. Au-dessus de 2 000 mètres, à – 5 °C ou – 10 °C, les précipitations continueront de tomber sous forme de neige », rassure-t-il.

Même si la saison hivernale sera plus courte, dans les Alpes, il sera toujours possible en 2050 de dévaler les pentes de Val Thorens (2 765 m), Val-d'Isère (2 653 m), Tignes (2 500 m) ou Chamonix (2 159 m). Ce sera plus incertain à La Toussuire (1 860 m) ou à Pralognan-la-Vanoise (1 883 m).

Dans les Pyrénées, il faudra monter bien au-dessus de 2 000 mètres pour trouver de la neige. Des chercheurs du Centre d'étude de la neige du CNRM et de l'INRAE[6] sont formels : dans le pire scénario, en 2050, on ne pourra plus skier qu'à partir de 2 750 mètres et les hivers sans neige que l'on connaît actuellement une saison sur cinq reviendront quasiment tous les ans dès 2080.

Pour tous les massifs d'une altitude inférieure à 2 000 mètres, « on perdra un mois d'enneigement à chaque degré supplémentaire de réchauffement », prévient Samuel Morin. L'avenir s'annonce donc morose pour les stations de moyenne montagne où, selon Météo France, l'épaisseur du manteau neigeux aura diminué de l'ordre de 40 % en 2050.

Dans les Alpes comme dans les autres massifs, de nombreuses stations ont du souci à se faire. Sauf à sortir du « tout ski alpin », le sort du Grand-Bornand (1 550 m), des Gets (1 587 m), de Samoëns (1 600 m), des Saisies (1 610 m), de Megève (1 700 m) ou d'Avoriaz (1 714 m) paraît bien compromis.

Entre 1 000 et 1 500 mètres, il faudra tout bonnement oublier les flocons et les bonshommes de neige. Gérardmer (950 m) dans les Vosges, Métabief (1 180 m) dans le Jura ou Les Houches (1 445 m) dans les Alpes vont se retrouver sous le seuil fatidique de la limite pluie-neige qui s'établit actuellement à 1 500 mètres en moyenne et grimpe de 150 mètres chaque fois que le mercure monte de 1 °C.

Parmi les stations de basse et moyenne montagne situées sous cette limite pluie-neige, l'hécatombe est déjà bien amorcée. Dans sa thèse de doctorat[7], le géographe Pierre-Alexandre Métral a fait les comptes : sur les 584 stations réparties sur les six massifs montagneux français, près de 30 % ont jeté l'éponge et mis au rebut leurs remonte-pentes.

« Stations fantômes »

Pour l'essentiel, les victimes étaient auparavant de petites stations, autour de 1 200 mètres, fragilisées depuis la fin du XXe siècle par la concurrence, le manque de neige et les difficultés financières. Mais, à partir de l'an 2000, le redoux climatique a mis au tapis des stations plus grandes comme celles du col de l'Arzelier, au pied du Vercors, de Céüze dans les Hautes-Alpes ou de Puyvalador dans les Pyrénées.

La liste des stations en péril ne cesse de s'allonger. Combien auront rejoint dans trente ou quarante ans la cohorte des « stations fantômes » ? Avec 10 milliards de recettes par an et 150 000 emplois à la clé dans le secteur du tourisme de montagne, l'enjeu est crucial pour la France, classée au troisième rang mondial des « destinations neige » derrière les États-Unis et l'Autriche.

« Il n'y a pas de réponse simple à la question de l'avenir des stations de ski, nuance Samuel Morin. L'altitude n'est pas le seul élément. Tout dépendra du modèle économique de chaque station, sachant que, si toutes ont recours au damage des pistes et à la production de neige, toutes n'ont pas la même faculté à résister à un hiver sans neige. »

Et puis, les retombées économiques dépassent les frontières du domaine skiable. « Si l'exploitation d'une station n'est pas rentable en soi, elle génère des revenus pour la commune, fait vivre les commerces et rapporte des recettes fiscales aux collectivités locales qui peuvent alors en assumer le déficit », explique Hugues François[8], spécialiste de l'aménagement du territoire à l'INRAE.

Malgré tout, « certaines stations de ski sont dans un état d'équilibre précaire, poursuit le chercheur, et le manque de neige va poser à terme des problèmes majeurs de rentabilité des installations. D'autant qu'il sera de plus en plus compliqué de produire de la neige artificielle ».

L'utilisation ou la création de nouveaux canons à neige, gourmands en eau et en énergie, commence à être la source de conflits liés à l'usage de l'eau et à soulever l'opposition de ceux qui rejettent le modèle intensif des « usines à ski ». Le bras de fer engagé en 2022 à La Clusaz en est une parfaite illustration.

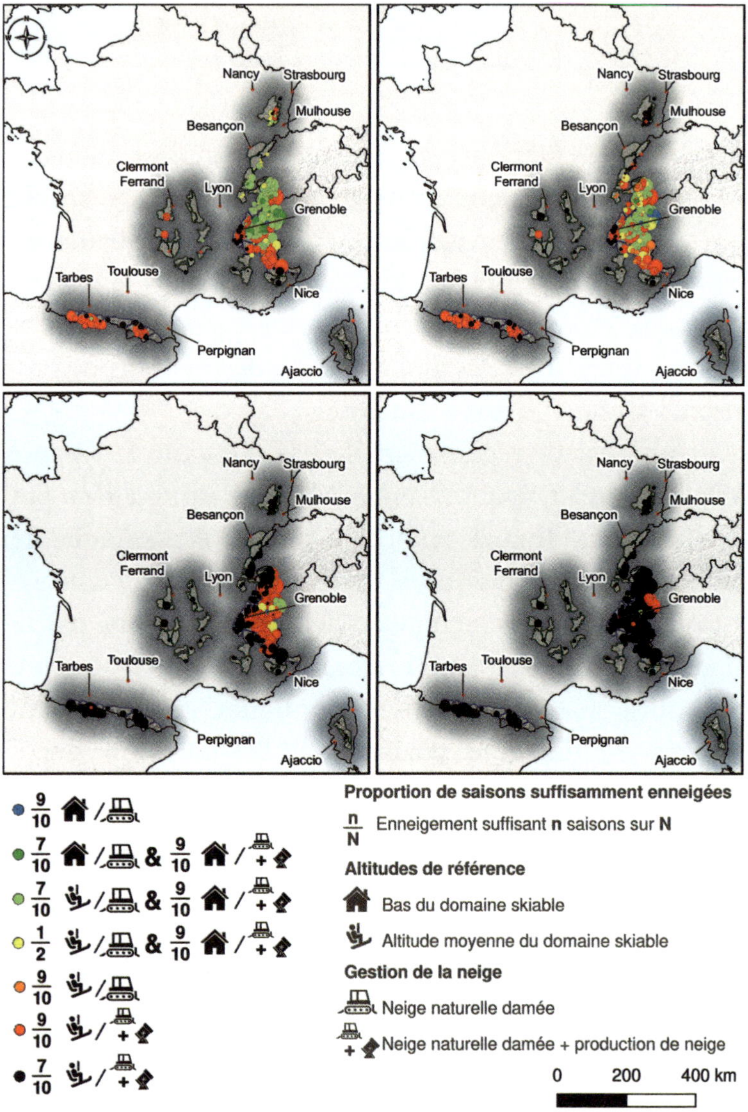

Les stations de ski face au défi du manque de neige

Les stations de ski sont classées du bleu au noir en fonction de l'enneigement lors de la période de construction 1961-1990 (en haut à gauche), pour la période récente (en haut à droite), autour de 2050 (en bas à gauche) et vers la fin du siècle (en bas à droite) dans le scénario RCP8.5. La couleur des points indique si la neige est suffisante neuf hivers sur dix (points bleus), sans neige artificielle ou avec (points verts et jaunes). Le ski est possible à moyenne altitude avec de la neige damée (orange) ou artificielle (rouge). Les points noirs indiquent que le ski est possible sept hivers sur dix mais uniquement à moyenne altitude et sur des pistes enneigées artificiellement.

« La Cluzad »

En Haute-Savoie, une partie des habitants de la commune et les associations écologistes, qui occupent le terrain du futur chantier rebaptisé « La Cluzad », protestent contre la future retenue d'eau destinée notamment à alimenter les canons à neige de la station plantée à 1 700 mètres d'altitude. Approuvé en septembre 2022 par le préfet, le projet exigerait de raser une forêt de huit hectares qui abrite des espèces protégées.

D'un côté, les professionnels plébiscitent les canons à neige, présentés comme la solution miracle à moyen terme au manque de poudreuse. De l'autre, les opposants rejettent le recours à une technique jugée néfaste sur le plan environnemental et incapable de répondre à long terme au défi climatique. La généralisation des enneigeurs conduirait les stations de ski dans l'impasse.

Publiée en 2019, une étude[9] de Météo France, du CNRS et de l'IRSTEA* Grenoble a mis les choses au point. Jusqu'en 2050, la flotte de canons à neige pourra globalement assurer dans les Alpes et les Pyrénées un niveau d'enneigement suffisant quel que soit le scénario climatique.

Après 2050, avec la même quantité de « neige de culture » projetée sur les pistes, « l'enneigement demeure comparable

* Institut national de recherche en sciences et technologies pour l'environnement et l'agriculture. L'IRSTEA a fusionné le 1er janvier 2020 avec l'Institut national de recherche agronomique (INRA) pour former l'INRAE (Institut national de recherche pour l'agriculture, l'alimentation et l'environnement).

à la situation actuelle pour un réchauffement planétaire inférieur à 2 °C ». En revanche, au-delà de 3 °C, scénario loin d'être improbable, « la neige de culture ne suffit plus à compenser la réduction d'enneigement naturel ». En clair, dans le pire des scénarios, il ne sera plus possible après 2050 de chausser les skis dans les Alpes et les Pyrénées.

Canons à neige

À moins de renforcer encore l'armada des canons à neige. Mais, sachant qu'il faut 1 mètre cube d'eau pour fabriquer 2 mètres cubes de neige artificielle, ils engloutiront déjà « en moyenne de l'ordre de 40 millions de mètres cubes[10] » par an en 2030-2040. L'équivalent de la consommation annuelle de Marseille alors que la France subira à cet horizon de sévères périodes de sécheresse.

Face à de tels défis, les stations de ski, pilier du tourisme de montagne, ont-elles un avenir ? « Demain, les coûts d'exploitation vont augmenter alors que leur fréquentation continuera à s'éroder puisqu'elles ne pourront plus rester aussi longtemps ouvertes à cause du manque de neige, analyse Hugues François de l'INRAE. À la fin, le risque, dans le scénario pessimiste, est de mettre l'ensemble de la filière des sports d'hiver en péril. »

Un diagnostic partagé peu ou prou par la Cour des comptes. Dans un rapport[11] sur les Alpes du Nord, elle considère que « le modèle de développement fondé sur l'augmentation du débit des remontées mécaniques et la croissance continue de l'offre d'hébergement atteint ses limites » dans un marché percuté par les conséquences du réchauffement climatique.

Seules « les grandes stations d'altitude », qui ont les moyens de s'adapter, « gagneront en attractivité en concentrant la clientèle des sports de neige », estime la Cour. Les autres, plus fragiles, devront jouer la carte de « la coopération et la complémentarité » à l'échelle d'une vallée ou d'un massif, voire, « faire des choix allant jusqu'à la reconversion ».

L'« après-ski »

À basse et moyenne altitude, « des stations dont l'enneigement est fragile, même en tenant compte de la production de neige, se sont d'ores et déjà engagées dans une réflexion sur la réduction de leur dépendance au ski », observe Samuel Morin, spécialiste de la montagne au Centre national de recherches météorologiques (CNRM).

Ainsi, dans le Doubs, Métabief se projette dans l'« après-ski » en proposant des activités de pleine nature : VTT, trail, randonnées... D'ici à 2035, la part du ski dans ses revenus, aujourd'hui à 10 % ou 20 %, chutera de 50 %. « Le Jura, les Vosges, le Massif central sont impliqués à des degrés divers dans ce type de réflexion », note Samuel Morin.

Pas vraiment le choix. « Si l'on est sur la trajectoire du scénario RCP8.5 le plus pessimiste, dans un monde plus chaud de 4 °C ou 5 °C, le ski n'aura plus grand-chose à voir avec celui que l'on connaît aujourd'hui », anticipe Samuel Morin. Et pas seulement à cause de l'enneigement aléatoire.

« Le tourisme représente, à lui seul, 8 % des émissions de gaz à effet de serre, explique le directeur du CNRM. Pour enrayer ces émissions, il est probable que l'on verra se mettre en place des restrictions drastiques des déplacements en avion et en voiture, tels qu'on les connaît aujourd'hui. Cela affectera forcément la fréquentation des stations de sport d'hiver, soir parce que les flux seront limités, soit parce que les tarifs d'accès aux stations seront trop chers. »

Bref, à la fin du siècle, et peut-être bien avant, le plaisir de la glisse sera probablement devenu un loisir réservé à une clientèle huppée qui se retrouvera l'hiver sur les pistes immaculées des plus beaux domaines skiables d'altitude.

6

La sécheresse, fléau du siècle

L'or bleu n'a jamais mieux porté son nom. Précieux, indispensable, abondant à l'échelle du globe mais si mal réparti et si rare par endroits, il devient, en ces temps de réchauffement climatique, l'une des ressources naturelles les plus convoitées du monde. Source de conflits aigus dans les zones arides du Moyen-Orient ou de la corne de l'Afrique, le manque d'eau frappe jusqu'au cœur de l'Europe.

Terres craquelées, plantes déshydratées, fleuves et rivières à sec, habitants ravitaillés par camions-citernes, restrictions d'eau… la France a subi durant l'été 2022 une sécheresse historique, « la pire depuis au moins cinq cents ans », selon le Centre commun de recherche de la Commission européenne[1].

Fait exceptionnel, la sécheresse de 2022 a conjugué les canicules les plus ardentes depuis 1900, si l'on excepte celle de 2003, un record de déficit pluviométrique, qui n'avait de probabilité de se produire qu'une fois tous les vingt-cinq ans, et un indice d'humidité des sols en chute libre durant des mois.

Stress hydrique

Au plus fort de l'été, une cellule de crise interministérielle a été activée et la quasi-totalité des départements placés en alerte. Une centaine de communes ont été privées d'eau. Sources taries. Plus une goutte n'est sortie des robinets dans une centaine de villages du Var, de l'Ain ou des Vosges.

La France en stress hydrique maximal, ce n'est pas vraiment une première. On l'a oublié, mais le pays a vécu en 1920-1921 une sécheresse hors norme. Doublé d'une vague de chaleur intense avec 44,8 °C à l'ombre relevés à Bourg-en-Bresse, l'été 1921 avait été le plus sec à Paris depuis plus d'un siècle.

« Entre 1942 et 1946, l'Europe du Sud a été frappée par une sécheresse de quatre ou cinq ans qui a provoqué des famines en Espagne, ajoute Florence Habets[2], professeure attachée au Laboratoire de géologie de l'École normale supérieure. C'est ce qui avait poussé à l'époque Franco à investir dans la construction de retenues d'eau dans les Pyrénées. »

Si un phénomène d'une telle ampleur devait se reproduire aujourd'hui, « nos réserves en eau ne suffiraient pas, lâche l'hydroclimatologue. Honnêtement, dans ce cas, je ne sais pas si l'on pourrait garantir l'alimentation en eau ou le refroidissement des centrales nucléaires. »

Constat alarmant. Mais l'on voit bien que les sécheresses calamiteuses de l'été 1976, de 1989-1990 et du terrible été 2003 n'auront été que de simples coups de semonce. Depuis, la France a manqué d'eau l'été en 2011, 2018, 2019, 2020 et, enfin, 2022 dont le mois de juillet a été le plus sec jamais enregistré par Météo France.

Les scientifiques y voient clairement la marque du réchauffement de la planète. « Ce n'est pas le seul facteur, mais le changement climatique explique la multiplication des sécheresses dans plusieurs régions françaises », affirme Fabio d'Andrea[3], physicien du climat au Laboratoire de météorologie dynamique de l'École normale supérieure.

Dès 2011, la mission Climsec[4], pilotée par Météo France, a tiré la sonnette d'alarme. En conclusion de cette étude de plus de trois ans sur l'impact du réchauffement du climat sur les ressources en eau, les climatologues ont tracé un avenir « particulièrement inquiétant ».

Plus de retour à la normale

Vers 2050, écrivaient-ils « des sécheresses inhabituelles en termes d'expansion spatiale ou d'intensité pourraient apparaître ». La grande sécheresse de 1990, qui avait été à l'époque la plus sévère depuis un demi-siècle, « pourra être fréquemment dépassée ».

À partir de 2080, des événements aussi graves que la catastrophe de 1976 deviendront fréquents. Pire, la probabilité est forte qu'une large partie du pays « connaisse de très longues sécheresses du sol quasiment sans retour à la situation normale ». Autrement dit, la France aura basculé dans un climat semi-aride.

Touche finale à ce tableau apocalyptique, Climsec tordait le cou à l'idée selon laquelle, en l'absence de signal clair sur le régime des précipitations futures, l'espoir demeure d'échapper à l'assèchement généralisé. Malheureusement, c'est une idée fausse.

Pourquoi ? Parce que l'évolution des sécheresses du sol sera « plus rapide et plus forte » que celle des sécheresses météorologiques « sous l'effet probable de l'évaporation ». En d'autres termes, la hausse des températures – et non le volume des pluies – est l'élément fondamental pour comprendre les bouleversements du cycle hydrologique.

C'est un point capital qui mérite d'être éclairci. Pour bien saisir ce que les climatologues ont voulu dire, il faut savoir que l'on distingue trois types de sécheresses.

La Loire sous le seuil critique

La première est météorologique, elle résulte d'un déficit prolongé de pluies.

La deuxième est hydrologique et correspond à un niveau anormalement bas des réserves d'eau dans les lacs, les cours d'eau, les retenues et les nappes phréatiques. Ce type de sécheresse est impressionnant lorsqu'il se manifeste par une chute vertigineuse du débit des fleuves.

Au beau milieu du mois d'août 2022, la Loire a ainsi atteint son étiage le plus bas depuis l'inauguration il y a quarante ans des barrages régulant son cours. D'où ces images désolantes du lit desséché que l'on traverse à pied, de bancs de sable à nu. En juillet, le niveau du Rhin, la plus grande artère fluviale d'Europe, était, lui aussi, passé sous le seuil critique.

Sécheresse 2022 : La France en état d'alerte

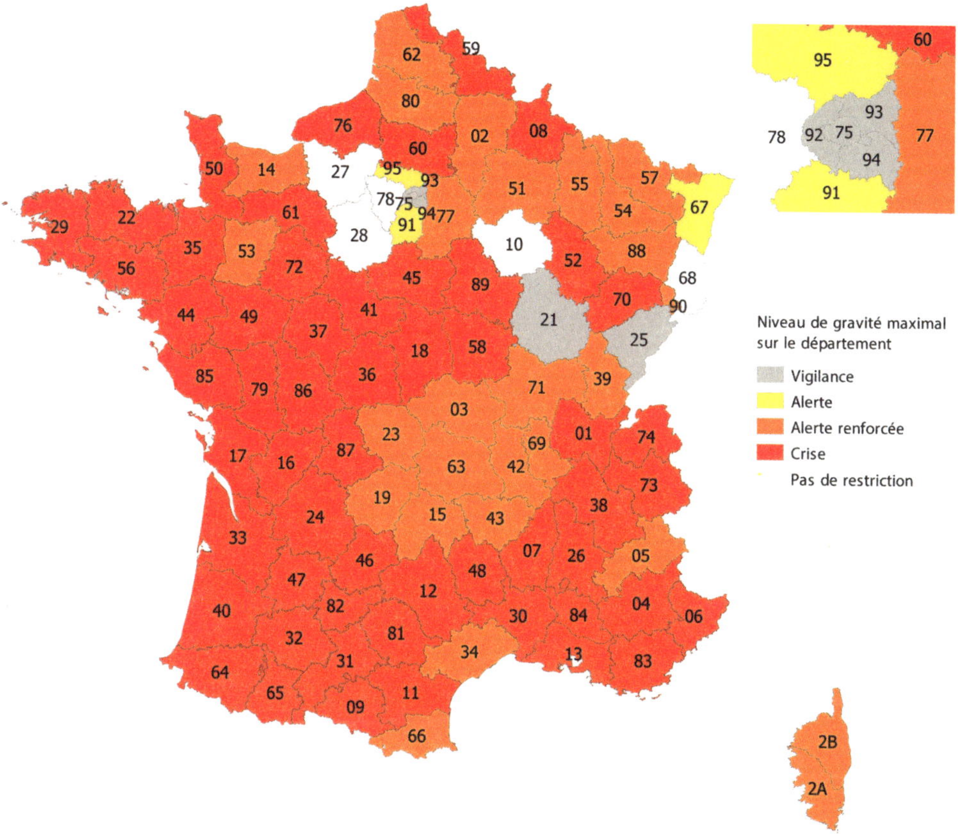

Conséquence de la sécheresse record qui a frappé la France en 2022, jusqu'à 93 départements ont été l'objet de restrictions d'usage de l'eau. À la mi-octobre, tous les départements, sauf cinq (Aube, Eure, Eure-et-Loir, Yvelines et Bas-Rhin), étaient en état de crise, d'alerte ou de vigilance.

Enfin, dans la troisième catégorie, on trouve les sécheresses dites agricoles parce qu'elles affectent les plantes, les arbres, les cultures et donc l'alimentation des animaux d'élevage. Elles se caractérisent par un taux d'humidité anormalement bas des sols jusqu'à 2 mètres de profondeur.

Mais arrêtons-nous d'abord sur la sécheresse météorologique. Elle augmentera partout malgré des cumuls de précipitations variables selon les régions. « Les étés seront très secs dans le Sud mais aussi plus secs dans le Nord », indique Jean-Michel Soubeyroux[5], directeur adjoint scientifique du service de climatologie de Météo France, qui a supervisé le projet Climsec.

En moyenne, la quantité de pluie qui se déversera sur la France à la fin du siècle sera de 10 % à 20 % inférieure à celle que l'on connaît aujourd'hui. Dans le scénario pessimiste, le Var, les Bouches-du-Rhône et les Pyrénées-Orientales connaîtront dès 2050 deux mois secs chaque année. La Corse, l'Hérault et l'Aude frôleront des périodes de cinquante jours sans la moindre averse.

Particulièrement touchée, l'Occitanie perdrait 180 millimètres de pluies par an d'ici au milieu du siècle, soit 30 % de précipitations en moins à Toulouse ! Dans l'ouest de la région, « les épisodes de sécheresse s'étendraient jusqu'à 40 % du temps à l'horizon 2050[6] ».

Plus étonnant, des départements bien arrosés comme la Vendée, le Morbihan, l'Ille-et-Vilaine ou l'Indre-et-Loire aligneront plus d'un mois sans pluie. Les Hauts-de-France, la Normandie, la Bourgogne ou le Grand-Est flirteront, eux aussi, avec la barre des trente jours sans une goutte d'eau.

Dans la deuxième catégorie, les sécheresses hydrologiques, qui ne dépendent pas que des pluies, vont, elles aussi, s'aggraver.

Document de référence, le projet Explore 2070[7], mené sous l'égide du ministère de l'Écologie, prévoit une baisse de 10 % à 40 % des débits moyens des fleuves au milieu du siècle. La baisse sera particulièrement prononcée sur les bassins de Seine-Normandie et d'Adour-Garonne.

Garonne à sec

« Dès aujourd'hui, la Garonne serait à sec si le débit n'était pas soutenu par les retenues d'eau des Pyrénées », souligne le climatologue Serge Planton[8] qui a participé au projet Climsec. À l'avenir, « il n'est pas exclu que la Garonne soit complètement à sec certaines années ».

Au-delà, la sécheresse menace l'ensemble de l'Adour-Garonne. De l'Ariège à la Gironde et des Pyrénées-Atlantiques au Lot, ce vaste bassin hydrographique s'étend sur 25 départements en Nouvelle-Aquitaine, en Occitanie et en Auvergne-Rhône-Alpes.

Ce territoire immense, très peuplé, attire des millions de touristes et doit compter avec une agriculture gourmande en eau. Or, il doit s'attendre d'ici à 2050 à « des baisses annuelles de débit de toutes les grandes rivières du Sud-Ouest comprises entre 20 % et 40 %, pouvant atteindre 50 % en période estivale[9] ».

Des sécheresses plus longues et plus sévères

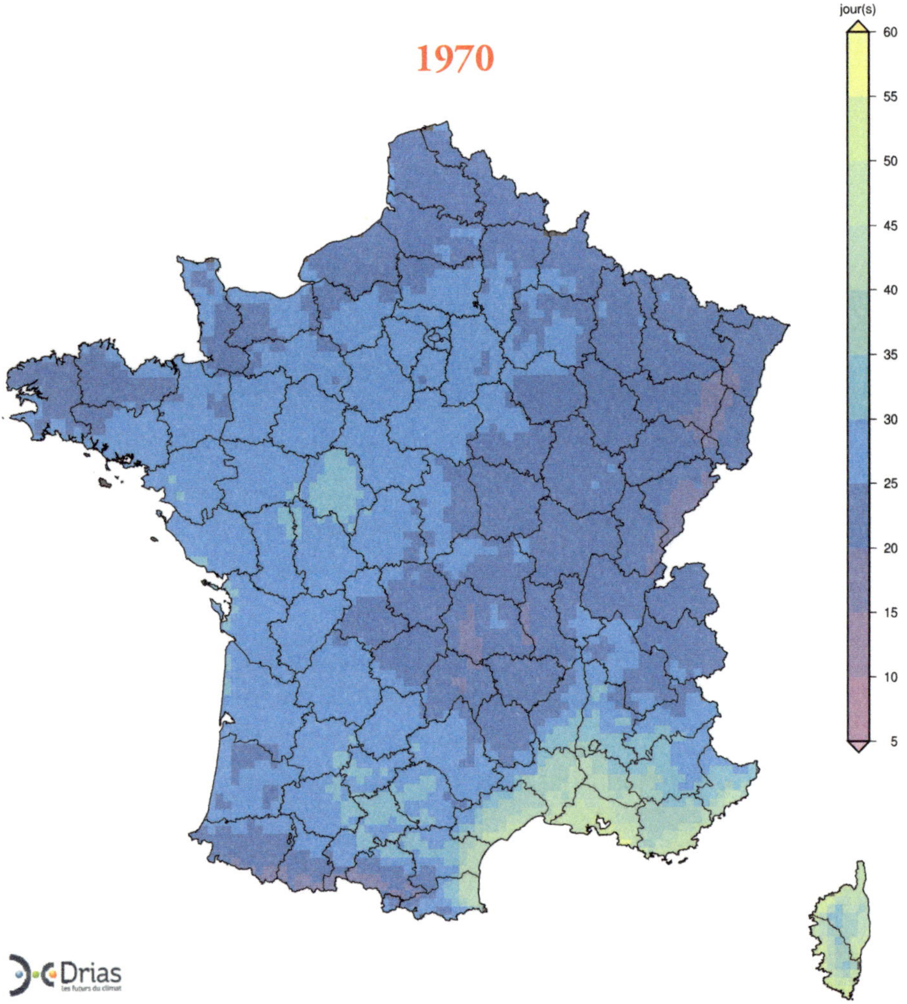

Au milieu du siècle, la France sera plus sèche sur un tiers de son territoire, comme le montre la comparaison entre la sécheresse (nombre de jours secs consécutifs avec un cumul de précipitations inférieur à 1 mm) en 1970 et celle projetée en 2055 dans le scénario RCP8.5 (95e centile des valeurs).

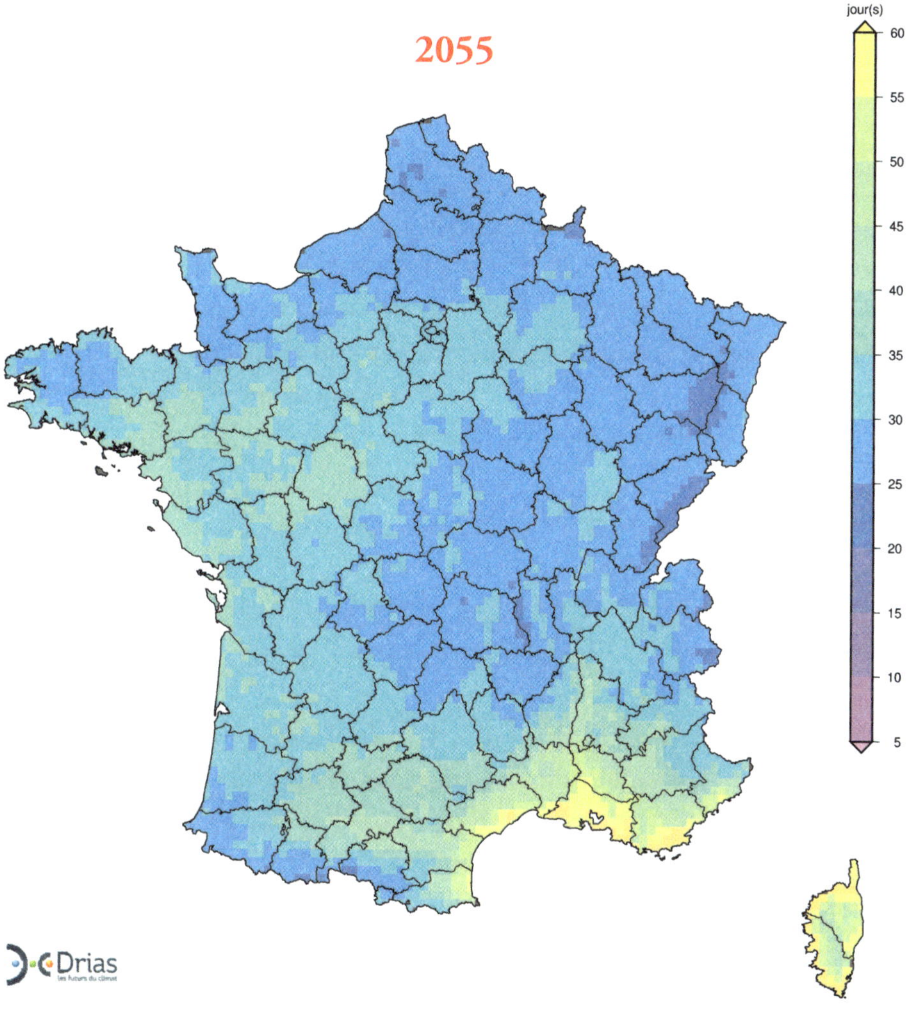
2055
jour(s)
60
55
50
45
40
35
30
25
20
15
10
5
Drias
les futurs du climat

En juin 2022, le « GIEC des Pays de la Loire »* sonne à son tour l'alerte : « À la fin du siècle, le débit de la Loire pourrait avoir baissé de 20 à 50 % par rapport à la période 1971-2000, voire davantage à l'étiage. » Le déclin du fleuve royal compromettrait « la vitalité, voire l'identité même du territoire ».

Les travaux menés en Île-de-France par les experts du climat aboutissent à des conclusions un peu moins sombres avec, dans le pire des cas, une diminution des débits de 30 % sur le bassin de la Seine. Quant au Rhône, « il restera puissant puisque ses débits ne baisseront que de 10 % à 20 % », affirme Florence Habets.

Réservoirs naturels

Spectaculaire, la chute du débit des fleuves ne doit pas masquer un autre phénomène souterrain mais tout aussi important que des cours d'eau faméliques : le déficit de recharge des nappes phréatiques. Or, ces réservoirs naturels alimentent les cours d'eau quand la pluie se fait rare.

À leur sujet, le projet Explore 2070 anticipe une baisse générale de la profondeur des nappes, donc du volume d'eau stocké, ainsi qu'un déficit des recharges de 10 % à 25 % à l'horizon 2050-2070. Le bassin de la Loire (entre – 25 % et

* Le Groupe interdisciplinaire d'experts sur le changement climatique (GIEC) de la Région des Pays de la Loire n'a rien à voir avec le GIEC mis sur pied par l'ONU.

– 30 %) et, surtout, le sud-ouest de la France (entre – 30 % et – 50 %) seraient les plus sévèrement touchés.

Dans le scénario pessimiste, « 60 % des nappes seraient en permanence sous le seuil actuel de déclenchement de l'alerte sécheresse, avertit Florence Habets, directrice de recherche au CNRS. Paradoxalement, le nord de la France ne serait pas mieux loti que le pourtour méditerranéen. Contrairement à ce que l'on pense, il pleut autant à Paris qu'à Montpellier, explique-t-elle. Mais, dans le Sud, les reliefs font que les pluies s'accumulent ou tombent sous forme de neige qui fond au printemps et s'écoule dans les rivières. Dans le Nord, cela n'existe pas ».

Autre handicap insoupçonné, « l'eau s'évapore plus dans le Nord, constate la spécialiste des ressources en eau. Comme il n'y pleut pas vraiment plus, l'eau disponible dans le Nord pour recharger les nappes est relativement faible par rapport aux bassins du Sud. Et ce notamment dans les Hauts-de-France qui ne disposent pas d'aquifères très développés ».

Évapotranspiration

L'évaporation ! Avec ce phénomène évoqué par l'hydroclimatologue, on en vient à la troisième catégorie de sécheresses : celles dites agricoles. Le projet Climsec nous a prévenus qu'elles frapperaient plus vite et plus fort à l'avenir que les autres « sous l'effet probable de l'évaporation ».

En quoi l'évaporation est-elle si grave ? Schématiquement, plus la chaleur monte, plus la végétation transpire (l'eau puisée par les racines s'évapore par les feuilles). Et plus il fait chaud, plus l'air est sec et plus il peut absorber d'humidité, ce qui fait que les plantes et les arbres transpirent encore plus.

Ce cercle vicieux de l'évapotranspiration « est le principal facteur de sécheresse, souligne Florence Habets. L'atmosphère n'apporte plus assez d'humidité pour compenser la hausse des températures, ce qui accroît l'évaporation, assèche plus vite les sols et diminue la recharge en eau des nappes. »

Le plus infernal est que les trois types de sécheresses peuvent se conjuguer entre elles. Dans le scénario RCP8.5 des plus fortes émissions de gaz à effet de serre, on subirait des sécheresses d'une sévérité extrême qui pourraient, prévient Florence Habets, « durer plusieurs années ». Une hypothèse à laquelle il faut se préparer, dit-elle, avec la création d'une réserve de dernier recours – un lac ou un réservoir souterrain – comme il existe des réserves stratégiques de gaz et de pétrole.

En tout état de cause, les conséquences du scénario noir de sécheresses pluriannuelles seraient incalculables. Sur la biodiversité déjà mal en point, sur l'agriculture percutée de plein fouet par les canicules et la sécheresse, mais aussi sur des pans entiers de notre vie quotidienne.

Maisons aux murs fissurés

Un exemple : les sécheresses sont à l'origine du « retrait-gonflement » des argiles qui fissurent les murs des pavillons. Calamiteux pour les quelque 10 millions de propriétaires qui en sont déjà victimes, le phénomène va enfler à l'avenir.

D'un coût cumulé de 15 milliards d'euros entre 1989 et 2020, il s'est hissé au deuxième rang des postes d'indemnisation pour catastrophe naturelle (CatNat) derrière les inondations. « D'ici à 2050, nous prévoyons une hausse de 60 % du coût de ces sinistres », confie Romain Marteau[10], climatologue, membre du pôle « Risques majeurs » chez Covéa.

Les zones les plus sinistrées se concentreront, affirme l'assureur dans son livre blanc sur le climat[11], le long du « croissant argileux » qui va du Var au Val de Loire en passant par le Midi toulousain. Le Bassin parisien, les Hauts-de-France, la Bourgogne sont sur la liste des *hotspots* du risque de retrait-gonflement des sols argileux.

Les sécheresses pourraient aussi constituer « un enjeu fort de sûreté nucléaire, redoute Florence Habets. Une centrale a besoin de 10 mètres cubes par seconde et par réacteur pour être refroidie, dit-elle. Certaines comme Golfech, près d'Agen, ont déjà été arrêtées parce que le débit du fleuve n'était pas suffisant. La Loire, où se trouvent plusieurs centrales, est très concernée par cet enjeu ».

Dépendante à 70 % du nucléaire pour sa production d'électricité, la France risque-t-elle le black-out si des réacteurs les pieds dans l'eau devaient être mis simultanément à l'arrêt faute de fleuves à la hauteur ? « Il n'y a aucun problème de sûreté », rassure Philippe Dupuy[12], directeur adjoint à l'Autorité de sûreté nucléaire (ASN).

« Si l'on prend l'exemple le long du Rhône de Tricastin et de Saint-Alban, ces centrales de 900 mégawatts à circuit ouvert ont besoin à pleine puissance d'un débit de 50 mètres cubes par seconde. Dans le cas des centrales à circuit fermé, le besoin n'est que de 2 mètres cubes. En face, le débit moyen du Rhône est de 1 700 mètres cubes

Les zones où les maisons risquent de se fissurer

2019

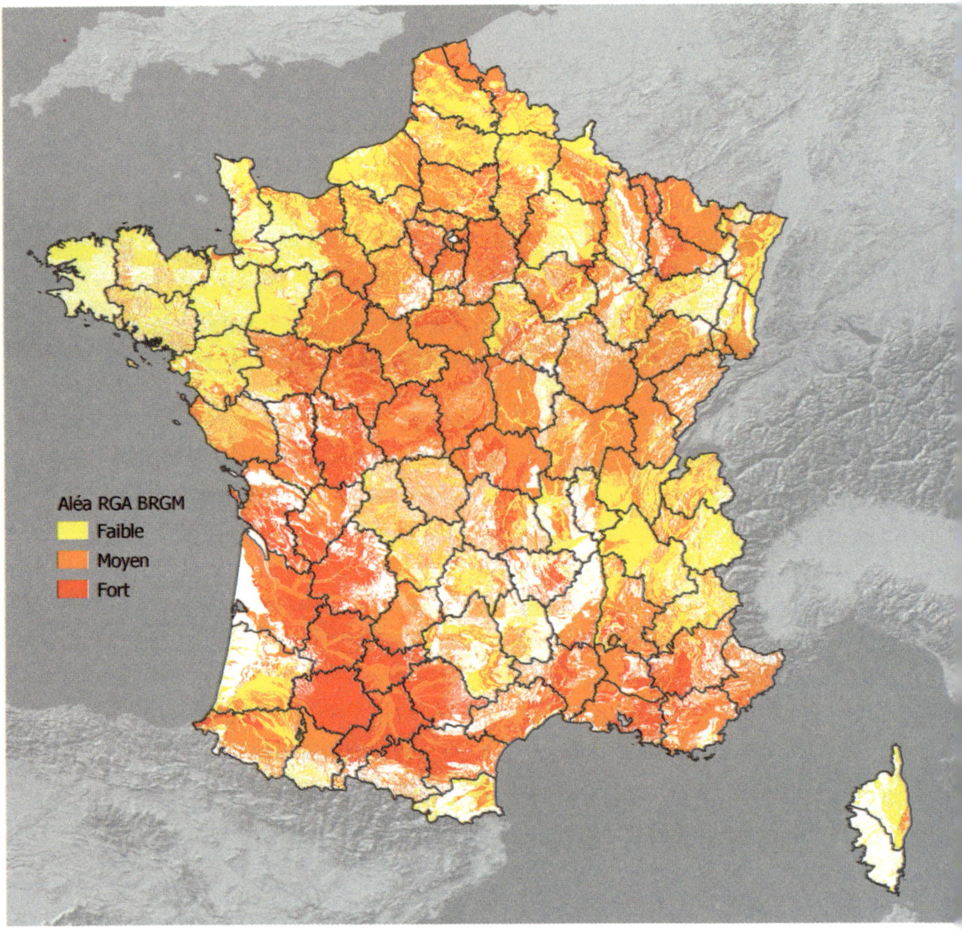

En France, 10 millions d'habitations sont déjà touchées par le risque de retrait-gonflement des sols argileux qui fissurent les murs en cas de sécheresses suivies de pluies. Le Bureau de recherches géologiques et minières (BRGM) a dressé la carte des zones à risque en 2019 et l'assureur Covéa des projections sur l'évolution du risque département par département en 2050 dans le scénario RCP8.5. Les dégâts liés à la sécheresse augmenteront de 60 % d'ici le milieu du siècle. Il s'agit principalement du retrait-gonflement des argiles.

2050

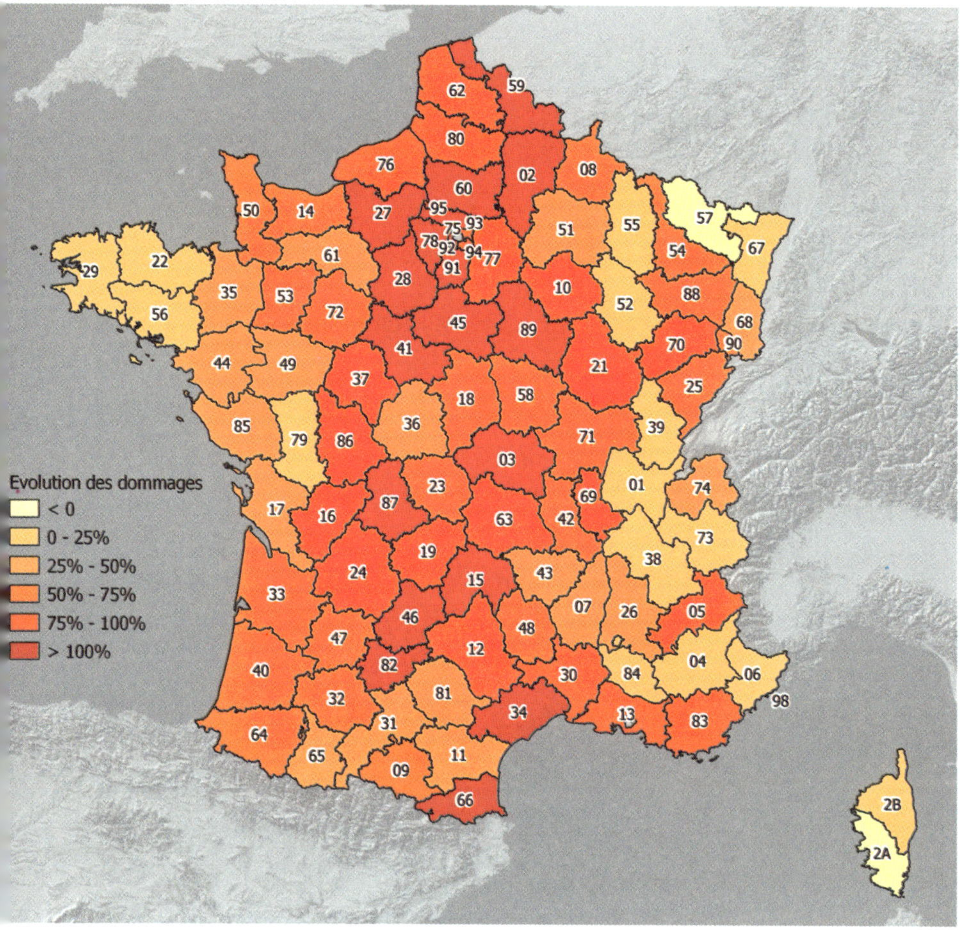
Evolution des dommages
< 0
0 - 25%
25% - 50%
50% - 75%
75% - 100%
> 100%
62
59
80
76
02
08
60
50
14
27
95
55
57
75
93
51
67
78
92
94
77
61
22
29
54
91
28
35
53
10
88
72
56
52
45
89
68
41
70
90
44
49
21
37
25
18
58
36
85
39
79
86
71
03
01
74
23
69
87
17
16
63
42
73
19
38
24
43
15
33
05
07
26
46
48
47
12
04
82
40
84
30
06
32
81
98
34
13
83
31
64
65
11
09
66
2B
2A

par seconde. Même en prenant en compte une chute de son débit de 40 %, on conserve une énorme marge de sécurité. »

Pollutions de l'eau

En réalité, « si on limite ou si on interdit les rejets d'effluents chimiques ou radioactifs en cas de baisse des débits d'un fleuve ou d'élévation de la température de ses eaux, explique Philippe Dupuy, ce n'est pas pour des motifs de sûreté mais pour des raisons de protection de l'environnement ».

Dans les faits, la protection des fleuves passe souvent après les impératifs de la production électrique. Ainsi, lors de la sécheresse sévère de l'été 2022, cinq centrales (Tricastin, Bugey, Blayais, Saint-Alban et Golfech) ont obtenu des dérogations leur autorisant les rejets d'eau chaude en pleine canicule.

Autre faille éventuelle, la sécheresse va mettre le système hydroélectrique à rude épreuve. « En Californie, le niveau trop bas des barrages a déjà obligé à stopper la production d'hydroélectricité, signale Florence Habets. Il faut s'attendre à ce que cela se produise un jour en France. De plus, avec les canicules, les climatiseurs vont fortement augmenter notre consommation l'été, au moment où les retenues sont au plus bas. L'équation va devenir très compliquée. »

Des risques pèsent aussi sur la santé humaine. Le réchauffement des eaux de surface favorise les germes et les bactéries et la baisse du niveau des nappes accroît mécaniquement le taux de concentration des polluants (azote, phosphore, métaux lourds...). « Le risque est double, résume Florence Habets : Avoir moins d'eau du robinet et une eau de moins bonne qualité. »

Dans une France à sec, on verra dans un autre genre s'aviver les tensions autour de l'utilisation des ressources en eau. Déjà, la création de « mégabassines » en Vendée destinées à l'irrigation, la retenue d'eau censée notamment alimenter les canons à neige de La Clusaz ou les captages de Nestlé à Vittel et Contrexéville et de Danone à Volvic cristallisent les oppositions.

Dans le futur, « les changements climatiques vont intensifier et aggraver les situations de pénurie d'eau », met en garde un récent rapport parlementaire[13]. Un chiffre de l'Observatoire national sur les effets du réchauffement climatique (ONERC) résume tout : à demande identique, il manquera pour répondre à nos besoins 2 milliards de mètres cubes en 2050. Un volume abyssal qui correspond à la consommation annuelle de la moitié de la population française.

Rationnement

« Si les débits du bassin de la Garonne chutent de 50 %, il n'y aura pas assez d'eau pour tous les usages, illustre Florence Habets. Dans la Beauce et la vallée de la Seine, les projections montrent que la ressource en eau ne sera pas non plus compatible avec les prélèvements actuels », ajoute la présidente du conseil scientifique de l'Agence de l'eau Seine-Normandie.

À Paris, « la diminution de la ressource en eau et de sa qualité, combinée à l'accroissement de ses usages, notamment en période estivale [...] annonce l'apparition de nouvelles tensions à partir de 2050 », estime Julie Roussel[14]. Cheffe de projet à la Ville de Paris, elle redoute « des difficultés sanitaires pour la population » et des conséquences « sur l'attractivité économique et touristique de la capitale ».

Paris boudé par les touristes à cause du manque d'eau potable ! On a du mal à y croire. Pourtant, si rien n'est fait, personne n'échappera aux pénuries. Les foyers subiront des rationnements, voire des coupures qu'endurent déjà la Martinique et la Guadeloupe. Un défi majeur aussi pour l'industrie et l'agriculture, toutes deux grosses consommatrices d'eau.

Comment éviter la panne sèche dans un pays qui a déjà perdu 14 % de sa ressource en eau en trente ans ? La première solution consiste à en finir avec le gaspillage individuel, à économiser l'eau au quotidien et à mettre un frein au gaspillage collectif. Rien que les fuites sur les réseaux de distribution (940 millions de mètres cubes de fuites par an) représentent l'équivalent de ce que consomment chaque année 18 millions de Français.

Après cette « chasse au gaspi » nouvelle version, le recyclage des eaux usées est une piste plus prometteuse sans doute que le dessalement de l'eau de mer, technologie coûteuse et controversée. Or, la France est dans ce domaine l'un des plus mauvais élèves du monde. On recycle moins de 1 % des « eaux grises » contre 8 % en Italie, 14 % en Espagne et 91 % en Israël.

Le catalogue de mesures à prendre est fourni : désimperméabiliser les sols de façon à laisser les eaux de pluie s'infiltrer, dépolluer les cours d'eau et les nappes souterraines, restaurer les zones humides, aller vers des cultures économes en eau, instaurer des tarifs progressifs pénalisant les excès, voire des quotas par type d'usage…

Le temps presse. Le plan national d'adaptation au changement climatique s'est fixé pour objectif de réduire de 25 % nos prélèvements en eau dès 2034. Le plus dur sera d'y parvenir en désamorçant les guerres de l'eau qui risquent d'éclater partout dans le pays quand il faudra se partager une manne devenue précieuse entre les particuliers, les agriculteurs, les industriels, les touristes, les producteurs d'énergie et les pompiers, en première ligne pour sauver nos forêts des ravages des mégafeux.

7

La forêt française en danger

Les chênes ancestraux des bois de Chantilly en triste état, les hêtres de Bourgogne mal en point, les sapins pectinés des Vosges rongés par les insectes, les pins des Landes dévorés par les flammes… on la croyait éternelle, indestructible, solidement enracinée, repère immuable de nos paysages, mais, en réalité, la forêt souffre comme elle n'a peut-être jamais souffert.

Sécheresses, incendies, attaques de parasites… le mal est profond. Au point que « le frêne, l'épicéa en plaine ou le châtaignier sont voués à disparaître de nos paysages d'ici à quelques décennies, et le risque pèse aussi sur les espèces emblématiques comme le chêne, le hêtre, le pin maritime », s'alarme la députée du Nord, Anne-Laure Cattelot, autrice d'un rapport sur le sujet[1].

Est-il trop tard pour soigner nos forêts du mal qui les ronge ? Le diagnostic, en tout cas, n'est pas sorcier : elles souffrent de déshydratation. En cause, le réchauffement climatique et les sécheresses à répétition entre 2018 et 2020, les pires en Europe depuis deux cent cinquante ans[2]. Le manque d'eau met les arbres dans un tel état de faiblesse qu'ils deviennent vulnérables à toutes les pathologies.

Chez le patient, l'absence prolongée de pluie déclenche des crises aiguës de stress hydrique. L'arbre réduit sa transpiration pour limiter sa consommation d'eau, il perd ses feuilles, risque l'embolie puis la mort s'il est à sec trop longtemps. Desséchés, les arbres prennent feu plus facilement, et leur croissance va se ralentir.

C'est à ce moment, quand les arbres sont le plus fragiles, que les scolytes passent à l'attaque. Difficile pour des arbres amoindris de se défendre contre ces petits coléoptères qui percent leur écorce pour pondre leurs œufs, coupant la circulation de la sève. Les larves grignotent ensuite l'arbre de l'intérieur qui finit par mourir. Les scolytes ravagent les forêts d'épicéas, les hêtraies, les sapinières.

Emblème des Cévennes

Saison après saison, l'épidémie gagne du terrain. Elle est d'autant plus catastrophique que, dans le même temps, les champignons, les parasites et les insectes xylophages prolifèrent. Les forestiers connaissent bien ces redoutables ennemis grignoteurs d'écorce, dévoreurs de feuilles : chalarose du frêne, encre du châtaignier, cochenilles, mineuses des aiguilles, chenilles processionnaires du pin et du chêne…

Aux sécheresses, aux incendies, aux parasites, aux pertes de feuillage, qui compromettent la croissance et la reproduction des arbres, il faut ajouter l'appauvrissement des sols. « Ils ne sont plus assez riches pour nourrir les forêts qui ont poussé, pour les plus récentes, sur les terres rocailleuses, argileuses ou sableuses abandonnées par les agriculteurs », observe Vincent Badeau[3], chercheur à l'INRAE de Nancy.

Feuillus ou résineux, des Ardennes aux Alpes et de l'Alsace aux rives de la Loire, aucune région, aucune espèce n'est épargnée par tous ces maux. « La liste des essences menacées par la double crise, climatique et sanitaire, est tellement longue qu'on peut effectivement s'interroger sur la survie même de la forêt française », estiment Hugues Demeude et Thierry Gadault[4].

Excès de pessimisme ? « Depuis 2018, plus de 300 000 hectares de forêts publiques en France ont subi un taux de mortalité inédit », alerte l'Office national des forêts (ONF)[5]. Mis côte à côte, les troncs des arbres morts représenteraient « l'équivalent de trente fois la superficie de Paris », a calculé l'ONF pour qui « d'ici à 2050, la moitié de la forêt française pourrait avoir changé de visage ».

Les forêts s'abîment déjà sous nos yeux. Signes avant-coureurs du dépérissement, des pinèdes de la Côte d'Azur perdent leurs aiguilles prématurément ; des pins sylvestres rougissent dans les Alpes ; dans les Pyrénées, on voit des feuilles d'arbres se flétrir, les branches des cimes se noircir ; dans le Grand-Est, des milliers d'hectares de résineux et de feuillus sont touchés.

Dans le Gard et en Lozère, le dérèglement du climat accélère le déclin des châtaigniers, emblème des Cévennes où « plus de 50 % des arbres sont morts ou en état de dépérissement important[6] ». Même chose pour le cèdre et le chêne blanc d'Ardèche, le pin sylvestre des Vosges, l'épicéa du Jura. Dans l'ancienne forêt royale de Fontainebleau, un arbre sur cinq est en danger de mort.

Hêtraies de Chantilly

À Chantilly, des chênes centenaires vacillent, assommés par le changement climatique et grignotés à la racine par les hannetons. À Compiègne, « les hêtraies ont beaucoup souffert des dernières vagues de chaleur, s'inquiète Jonathan Lenoir[7], chercheur au CNRS en écologie forestière. Par endroits, le sol sableux s'assèche vite parce qu'il retient mal l'humidité, et une espèce exotique invasive, le cerisier tardif d'Amérique, profite du réchauffement pour disputer l'espace aux hêtres ».

En ville, les arbres sont tout aussi mal partis, selon une étude scientifique[8] publiée en 2022. En France, la moitié des espèces sont « à risque dans les cinq villes où nous avons été en mesure d'obtenir des données. Vers 2050, le stress hydrique [...] devrait toucher 70 % des espèces d'arbres et d'arbustes[9] », prévient Jonathan Lenoir qui a cosigné cette étude.

Alors que les arbres jouent et joueront un rôle de plus en plus bienvenu de climatiseur naturel, apportant un peu de fraîcheur aux citadins, ils ne tiendront pas longtemps dans des villes transformées en étuves. Adieu alors les peupliers et les tilleuls de Montpellier, les marronniers et les frênes parisiens, les érables de Grenoble.

L'époque est révolue où les arbres tiraient profit du changement climatique. « Lors des études menées sur les pluies acides* dans l'est de la France, rappelle Vincent Badeau, on s'est aperçu que la forêt française ne s'était jamais aussi bien portée. Car, explique-t-il, brûler du pétrole dégage du CO_2 qui fertilise les arbres. »

Le principal gaz à effet de serre a, dans un premier temps, boosté les forêts qui peuplent aujourd'hui 30 % du territoire après avoir grignoté, année après année, l'équivalent de la superficie de la Bretagne. Et ce, par la grâce de l'exode rural, de la déprise agricole, de l'abandon durant les Trente Glorieuses du charbon de bois comme matériau de chauffage et des politiques actives de reboisement d'après-guerre.

Avec 17 millions d'hectares (hors outre-mer) peuplés aux deux tiers de feuillus « on compte aujourd'hui deux fois plus de surfaces boisées qu'en 1850, indique Vincent Badeau. Quand vous vous baladez en forêt, une fois sur deux, elle n'existait pas il y a deux cents ans. » Exemple le plus frappant : totalement artificielle, la forêt de pins des Landes, ravagée par les flammes à l'été 2022 du côté du bassin d'Arcachon, est une jeune fille d'à peine 170 ans née sous Napoléon III.

* Les « pluies acides », conséquence de la pollution industrielle, alertèrent le public sur les risques environnementaux. En 1979, des scientifiques allemands y voient la cause du dépérissement des forêts (*Waldsterben*). Côté français, ils sont relayés à partir de 1983 par des syndicalistes de l'ONF, des chercheurs de l'INRA et des groupes écologistes. L'épisode des pluies acides a mis en relief le danger des polluants tels que le dioxyde de soufre, l'oxyde d'azote et les particules fines.

Aux quatre coins du pays, « le réchauffement climatique va fragiliser des essences que l'on croyait résistantes, anticipe Vincent Badeau. Le hêtre commence à tourner de l'œil en plaine dans les Vosges, le Jura et en Haute-Saône. Dans tout le quart nord-est de la France, le chêne pédonculé est mal en point et, partout où il a été planté hors de sa niche écologique, l'épicéa est en train de mourir. »

Richesse génétique

Chez cet infatigable arpenteur des forêts, on sent poindre l'anxiété. « On assiste, dit-il, à des phénomènes massifs qui sont en train de nous péter à la figure. » Phénomènes aggravés par l'industrialisation à marche forcée qui a fragilisé la forêt à grands coups de plantations mono-espèces d'épicéas et de pins douglas omniprésents par exemple dans le Morvan. Or le douglas, gros consommateur d'eau, résiste mal à la sécheresse.

Alors, faut-il se résigner à voir disparaître des pans entiers de nos forêts ? Les arbres ne sont-ils pas plus résilients qu'on le pense ? Dans le midi de la France, des chênes verts détruits par les flammes ont repoussé rapidement grâce à leurs racines souterraines restées à l'abri du feu. Les pins d'Alep ont une autre technique : pendant l'incendie, les cônes s'ouvrent et libèrent les graines dont les semis viendront renouveler les arbres incendiés.

En dehors de leurs facultés physiques, « les arbres sont des êtres d'une grande variété génétique, s'émerveille Vincent Badeau. Confrontés au même changement climatique, deux individus voisins de la même espèce vont réagir de façon différente. L'un, qui possède un gène de résistance à la sécheresse, survivra, tandis que son voisin, qui en est dépourvu, dépérira ».

Dans les années à venir, les espèces les plus résistantes au nouveau climat vont prospérer tandis que les autres vont péricliter. Dans un scénario médian de réchauffement, les techniciens de la forêt, en lien avec l'INRAE, l'ONF ou Météo France, ont dessiné ce que pourrait être le nouveau visage de la forêt métropolitaine en 2050[10].

D'ici à trente ans, le hêtre abandonnerait les deux tiers de son territoire devenus inhospitaliers, les chênes pédonculés et sessiles, l'essence la plus représentée aujourd'hui, perdraient un tiers de leur surface, le sapin reculerait de 60 %. Quant à l'épicéa, il n'occuperait plus que 10 % de sa surface actuelle, se repliant sur les versants les plus hauts des massifs montagneux. À l'inverse, le pin maritime coloniserait le nord du pays.

En se fondant sur un scénario pourtant encore plus optimiste d'émissions de gaz à effet de serre, l'INRAE a abouti à des conclusions similaires[11]. D'ici à la fin du siècle, le périmètre des montagnards (épicéa, pin des Alpes, mélèze, érable…) serait divisé par trois, celui des méridionaux (pin d'Alep, pin maritime, chêne tauzin, genévrier, pistachier…) triplerait de volume.

Même avec un réchauffement limité à + 2,5 °C en 2100, « nous pourrions donc assister à de profondes modifications de nos paysages[12] », conclut l'INRAE. Au pire, dans toute la moitié sud du pays, les forêts profondes tapissées de sous-bois pourraient laisser place à du maquis, des garrigues, voire des steppes dans les zones les plus asséchées. Partout ailleurs, les arbres seront plus chétifs, les forêts moins touffues.

Dans les décennies à venir, « s'il fait trop chaud, redoute Bruno David[13], qui préside le Muséum d'histoire naturelle,

Le climat va modifier le visage de nos forêts

1990

Sous l'effet du changement climatique, les aires de répartition des essence vont se modifier d'ici à 2100. Le hêtre, sensible à la chaleur et à la sécheresse va se replier dans le nord et l'est tandis que le chêne vert, typique du pourtou méditerranéen, va remonter jusqu'à la Loire.

2055

Châtaignier, néflier...
Pin maritime, bruyère...
Érable, hêtre,
pin sylvestre...
Pin, aulne, érable,
sapin, sureau,
orme...
Chêne vert,
chêne-liège, olivier...

il n'y aura plus de marronniers en France et on trouvera des oliviers jusqu'à Dijon ». À la fin du siècle, la capitale historique du duché de Bourgogne sera, peut-être, plus réputée pour son huile d'olive que pour sa moutarde.

Quand les chênes font de l'auto-stop

Le grand chamboule-tout de la forêt française a déjà commencé. Les arbres bougent pour étendre leur territoire ou fuir la chaleur et la sécheresse. Bien sûr, les troncs restent immobiles, ce sont les graines qui se déplacent, emportées par le vent, emmêlées dans les poils ou les plumes des animaux, transportées par les insectes. En récupérant son pollen, le chêne pédonculé prend même son cousin, le chêne sessile, « en auto-stop », selon la jolie expression d'Antoine Kremer[14], coordinateur du chapitre sur la forêt dans le rapport d'experts[15] commandé par la région Nouvelle-Aquitaine.

On le sait peu, mais l'arbre est un grand voyageur. Lors de la dernière glaciation achevée il y a environ 10 000 ans, le sol de la majeure partie de Vieux Continent était gelé, la France recouverte de glace et de forêts boréales. Détestant le froid, « les chênes verts se sont réfugiés dans le sud de l'Espagne et en Grèce, raconte Vincent Badeau, avant de remonter vers le nord recoloniser l'Europe au rythme de 500 mètres par an ». Le chêne a mis à cette époque 5 000 ans pour refaire le chemin à l'envers.

Aujourd'hui, les arbres reprennent la route. Les plantes typiques de Méditerranée, le chêne vert, le laurier, l'olivier, vont remonter vers le nord le long de la vallée du Rhône et de la vallée de la Garonne, affirme l'agroclimatologue Serge Zaka[16].

Bouleversement étonnant des paysages, « le pin maritime s'implantera dans le Bassin parisien, dans le Centre et en Bourgogne s'il trouve des sols sableux, parie Serge Zaka. Dans l'est de la France, le chêne vert va peu à peu remplacer le chêne pédonculé. À l'inverse, le hêtre, présent dans les zones tempérées, quittera la France pour le nord de l'Allemagne et le Danemark ».

Plutôt que d'entamer un long voyage, des espèces préfèrent prendre de l'altitude. « Il est plus facile de migrer en altitude qu'en latitude, explique Jonathan Lenoir. Monter de 100 mètres, c'est comme parcourir 100 kilomètres vers le nord. » Dans cette course vers les sommets, le sapin des Alpes est le plus rapide. Il peut gagner 4 mètres par an. « Avant 1985, on le trouvait en moyenne à 1 200 mètres, aujourd'hui c'est plutôt 1 400 mètres. »

Pour la plupart des essences, cette migration vers le nord ou les sommets est un éprouvant parcours du combattant. D'abord, elles dépendent des autres pour la dispersion des graines. « Les oiseaux sont des agents importants de cette dispersion. S'ils migrent ou que leur population se réduit, cela peut avoir un impact majeur pour la forêt », explique Jonathan Lenoir.

Autre frein, les arbres sont inséparables de leurs compagnons des sous-bois, les champignons. Encore faut-il qu'ils soient, eux aussi, du voyage. « Certaines espèces ne peuvent se développer sans leur cortège mycorhizien qui permet à leurs racines d'aller puiser les ressources du sol », explique Jonathan Lenoir. Dernier défi, arrivé à destination, l'arbre pourrait entrer en compétition avec d'autres plantes ou être la cible de nouveaux prédateurs.

Cèdres de l'Atlas

Mais le véritable danger est ailleurs, selon Bruno David. « Il faut des dizaines d'années à un chêne, dit-il, pour produire le gland qui permettra à son descendant de faire quelques kilomètres. Si le réchauffement est trop rapide et que la niche écologique favorable au chêne s'est déplacée de 100 kilomètres, ce descendant ne pourra jamais l'atteindre et l'espèce se retrouve coincée, elle ne peut pas suivre le rythme. »

Une analyse confirmée par l'ONERC. « La vitesse de colonisation par le chêne vert, estimée à 100 mètres par an, est cent fois trop faible pour suivre la progression du climat », écrivent-ils dans un rapport[17] remis au gouvernement. Les performances de l'érable et du frêne sont encore plus médiocres. Le premier ne progresse que de 3 mètres par an environ, le second parcourt péniblement 50 centimètres par an. Prises de vitesse par le réchauffement climatique, les forêts risquent de griller sur pied. À moins qu'on ne leur donne un coup de main.

Des corridors naturels ont été aménagés pour faciliter les disséminations d'espèces (« trames vertes »), des variétés méridionales sont transférées du sud vers le nord de la France et des essences « non autochtones », mieux adaptées aux futures conditions climatiques, plantées aux quatre coins du pays. Au nord de la Loire, il est aussi envisagé de réduire le nombre d'arbres par massif et de réaliser des coupes plus régulières, de façon à diminuer la concurrence pour l'eau.

Dans les Alpes provençales, des sapins ont été remplacés par des cèdres de l'Atlas marocain. En Dordogne, dans le Lot-et-Garonne et en Poitou-Charentes, des pins noirs d'Autriche et des pins laricio de Corse ont été plantés. Lancé en 2018, le projet Futurforest teste l'introduction dans les forêts du Grand-Est de pins de Brutie – originaires de Turquie et de Macédoine –, de chênes verts ou de cèdres blancs de Californie.

Dans le cadre de son programme de « migration assistée » baptisé Giono*, l'ONF a replanté en Lorraine des chênes et des hêtres venus de Provence. Dans les Pays de la Loire, l'Office a planté des « îlots d'avenir dans lesquels sont sélectionnées les essences qui pourront demain résister à un climat plus chaud et plus sec : séquoia, chêne pubescent, copalme d'Amérique… ».

Alors que la filière bois fait vivre en France 440 000 personnes et génère 50 milliards d'euros de revenus annuels, la stratégie nationale de replantation n'est pas dénuée d'arrière-pensées économiques faisant naître la crainte de voir se reproduire les errements du passé. « Les grandes plantations mono-espèces d'épicéas en plaine ont été une erreur, prévient Jonathan Lenoir. La forêt, c'est comme l'épargne, il ne faut jamais mettre tous ses œufs dans le même panier sinon vous risquez de tout perdre. »

Douglas et chêne rouge

L'adoption d'espèces exotiques peut même se révéler un très mauvais calcul. En Aquitaine, on garde un souvenir cuisant de la mort en nombre de pins maritimes importés

* Ce nom fait référence à l'un des ouvrages de Jean Giono, *L'homme qui plantait des arbres*.

d'Espagne lors des gelées de l'hiver 1985 et de la surmortalité des pins douglas pendant la canicule de 2003. Et, sur les trois espèces originaires d'Amérique privilégiées par la filière bois dans la région – le douglas, le chêne rouge et le robinier faux acacia –, « les deux dernières font aujourd'hui l'objet de réserves liées à leur caractère potentiellement invasif[18] ».

Comment alors bien choisir les essences qui peupleront la forêt de demain ? Quand on connaît les cycles de vie de ces géants du règne végétal – un chêne met une centaine d'années à atteindre sa taille adulte, un pin une soixantaine d'années –, il n'y a pas de droit à l'erreur. Des choix effectués aujourd'hui dépend la forêt dont hériteront nos petits-enfants et nos arrière-petits-enfants.

« Ce que l'on plante aujourd'hui, nous en verrons les bénéfices dans cent ans, confirme Jonathan Lenoir. Le choix est compliqué. Si l'on plante, par exemple, des eucalyptus, qui poussent très vite et donnent de grands arbres très inflammables, on court le risque de feux de forêt gigantesques. C'est ce qui est arrivé aux Portugais. »

L'équation n'est pas simple. Les forestiers – 80 % de la forêt française est aux mains de propriétaires privés – et les pouvoirs publics doivent jongler entre des injonctions parfois contradictoires. La forêt est censée à la fois fournir du bois de construction et de chauffage, redevenu à la mode, servir de refuge à la faune et à la flore, de lieu de détente, de décor au tourisme vert, réguler les cours d'eau, limiter l'érosion des sols et les risques d'avalanches, rafraîchir les villes...

De plus en plus, les arbres sont considérés comme une arme contre le changement climatique grâce à leur fonction « puits de carbone ». « À lui seul, un grand arbre de nos forêts peut "avaler" l'équivalent des émissions de CO_2 de cinq vols aller-retour Paris-New York », écrit Anne-Laure Cattelot dans son rapport[19]. La députée du Nord propose de « planter 70 millions d'arbres pendant trente ans, soit un arbre par habitant ». Emmanuel Macron veut, lui, en planter un milliard d'ici dix ans.

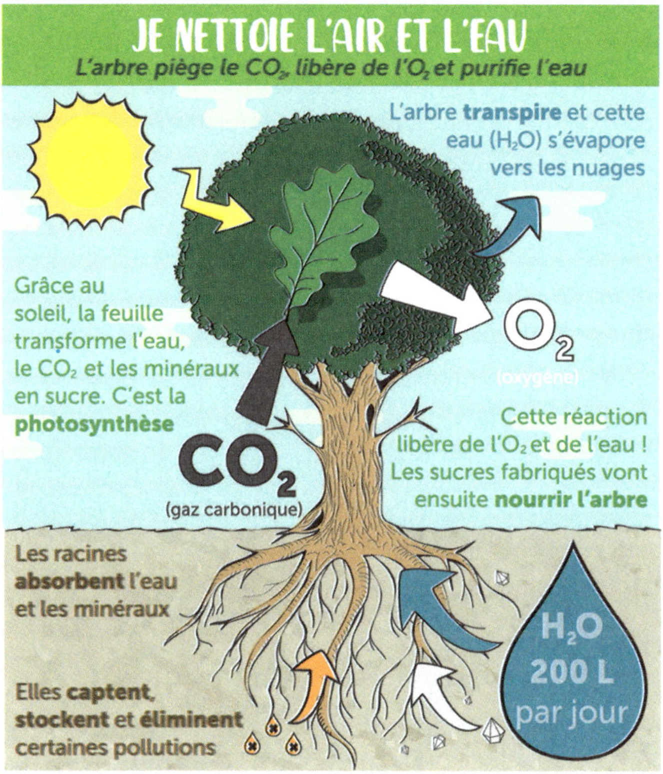

Comment l'arbre piège le CO_2

Au cours de la photosynthèse, l'arbre absorbe du CO_2 à l'aide des stomates, de minuscules trous à la surface des feuilles. Il sépare ensuite le carbone, qu'il stocke pour alimenter sa croissance, et l'oxygène qu'il rejette dans l'air. L'arbre est donc à la fois un piège à carbone et un climatiseur naturel qui rafraîchit l'air lors des fortes chaleurs.

Forêt mosaïque

Pourquoi pas ? Mais la vraie question est de savoir comment faire pour que la forêt, aujourd'hui menacée de toutes parts, soit capable demain de résister au réchauffement désastreux du climat tout en continuant à rendre les mêmes services qu'aujourd'hui. Pour l'Office national des forêts, cela passe par la mise en œuvre du concept de « forêt mosaïque ».

Il s'agirait de faire coexister sur un même territoire un cocktail de peuplements homogènes de jeunes arbres, de futaies irrégulières d'arbres de tous âges, de taillis, de réserves biologiques protégées, d'espaces de régénération naturelle, de plantations d'essences exotiques… en diversifiant tous azimuts les types d'arbres, de milieux et de pratiques sylvicoles. Le but sera de donner naissance à une forêt kaléidoscope, mi-sauvage, mi-cultivée, beaucoup plus résiliente.

Le célèbre botaniste Francis Hallé[20], qui plaide pour la création dans le nord de la France d'une vaste forêt vierge de 70 000 hectares – sept fois la superficie de Paris ! –, défend une idée plus simple. Il propose de distinguer, d'un côté, « les forêts naturelles, devenues trop rares » qu'il faut « cesser d'exploiter » et, d'autre part, « les plantations monospécifiques, devenues majoritaires[21] » destinées à nous fournir en bois.

Une forêt à deux vitesses en quelque sorte. L'une, sanctuarisée, serait vouée à la biodiversité et au stockage du CO_2, l'autre, rythmée par les coupes régulières, à la production de bois. Car, quand on parle des arbres, les impératifs économiques ne sont jamais loin. « Les pins d'Alep n'iront pas tout seuls dans le nord de la France. Les sylviculteurs en planteront parce qu'ils pourront les vendre à bon prix », analyse Vincent Badeau.

« La question de savoir à quoi ressemblera la forêt de demain n'est pas liée simplement au réchauffement climatique, poursuit le chercheur à l'INRAE, mais à des facteurs socio-économiques. Si on n'a plus de pétrole, la mondialisation ne fonctionnera plus, il faudra produire en France le soja ou le tournesol que l'on ne pourra plus importer et faire de la place à ces productions au détriment des forêts. »

Que ce soit par épuisement des ressources en hydrocarbures ou par des politiques volontaristes de sortie de ces énergies, la fin du pétrole aboutirait ainsi au résultat, à première vue paradoxal, de forcer, pour la première fois en deux siècles, la forêt française à reculer. Il n'y aura plus de pétrole mais il y aura aussi moins d'arbres, et donc moins de chances de résister aux assauts du changement climatique.

8

Pluies, inondations : l'âge des extrêmes

Elle a pris tout le monde par surprise. En août 2022, la Corse a été balayée par une tempête aux allures de cyclone tropical qui a frappé toute la côte ouest entre Ajaccio et Calvi. Alors que la saison estivale battait son plein, les plages, les marinas, les campings ont été dévastés par une houle déchaînée et des rafales de vent à 220 kilomètres-heure. Bilan : 5 morts.

Exceptionnelle, la tempête qui a meurtri l'île de Beauté est liée au dérèglement du climat. Comment ? Sous le coup depuis mai d'une ardente canicule marine, avec des eaux frôlant les 30 °C, soit 7 ou 8 °C au-dessus des moyennes de saison, la Méditerranée, repérée par le GIEC comme l'un des *hotspots* planétaires du désordre climatique, s'est transformée en une mini-bombe météorologique.

En se réchauffant, la mer a emmagasiné de l'énergie qui s'est libérée brutalement sous forme d'orages d'une violence inouïe. C'est ce même phénomène qui peut déclencher à l'automne des *medicanes*, ces ouragans (*hurricane* en anglais) de Méditerranée, que les météorologues rangent dans la catégorie des cyclones subtropicaux.

Mini-tornade

Cette tempête en Corse aura été le point d'orgue d'un été fou. Le pays a été traversé en 2022 par une série inimaginable d'orages de pluie et de grêle. Des grêlons gros comme des balles de golf ont infligé d'énormes dégâts, tapissant par endroits les rues d'une épaisse couche de glace. À Gap, la municipalité a sorti les déneigeuses du garage en plein mois d'août !

À la même période, une mini-tornade a balayé la ville de Clichy dans les Hauts-de-Seine. Une autre dévastera des villages deux mois plus tard dans le nord de la France. L'été, Paris a été la cible d'orages monstrueux. Des arbres ont été arrachés par des vents de 100 kilomètres-heure, les pluies intenses ont sorti la Seine de son lit, l'eau a déferlé dans les rues et s'est engouffrée dans le métro, rappelant les images du métro de New York noyé sous les eaux lors du passage de la tempête Ida.

Avec le changement climatique, ces scènes dantesques sont-elles vraiment appelées à se répéter ? Faudra-t-il s'habituer à des intempéries de plus en plus violentes ? « Les fortes précipitations et les inondations qui en découlent devraient devenir plus intenses et plus fréquentes », notamment en Europe, a prévenu le GIEC[1].

Sombre perspective. Surtout s'il faut se préparer à des inondations aussi catastrophiques que celles qui ont meurtri la Belgique et l'Allemagne durant l'été 2021. Après des jours de pluies diluviennes, des torrents de boue avaient ravagé des villes comme Liège en Belgique et Trèves dans l'ouest de l'Allemagne, faisant au total près de 130 morts.

Au détour de cet épisode tragique, les Français ont entendu pour la première fois parler de ce phénomène météo particulier, la « goutte froide » qui s'est invitée en France l'été suivant. Il s'agit d'une immense poche d'air glacial de haute altitude descendue du pôle Nord. Lorsqu'elle stationne au-dessus de nos têtes, elle génère un mouvement cyclonique qui provoque des pluies et des crues torrentielles. Le phénomène n'est pas nouveau mais il pourrait s'aggraver avec le réchauffement de l'atmosphère.

Épisodes cévenols

Pourtant, ce n'est pas la première fois, rétorquera-t-on, que l'Europe fait face à de telles inondations. En France, les plus récentes ont endeuillé Aiguat dans les Pyrénées en 1940 (350 morts), Vaison-la-Romaine en 1992 (37 morts) ou Lézignan-Corbières en 1999 (36 morts). Et, en octobre 2020, l'arrière-pays niçois a été ravagé par les crues de la Roya et de la Vésubie (10 morts) dont le niveau est passé en quelques heures de 50 centimètres à plus de 8 mètres.

Les cumuls de précipitations avaient alors connu des pointes à plus de 500 millimètres, soit 500 litres par mètre carré,

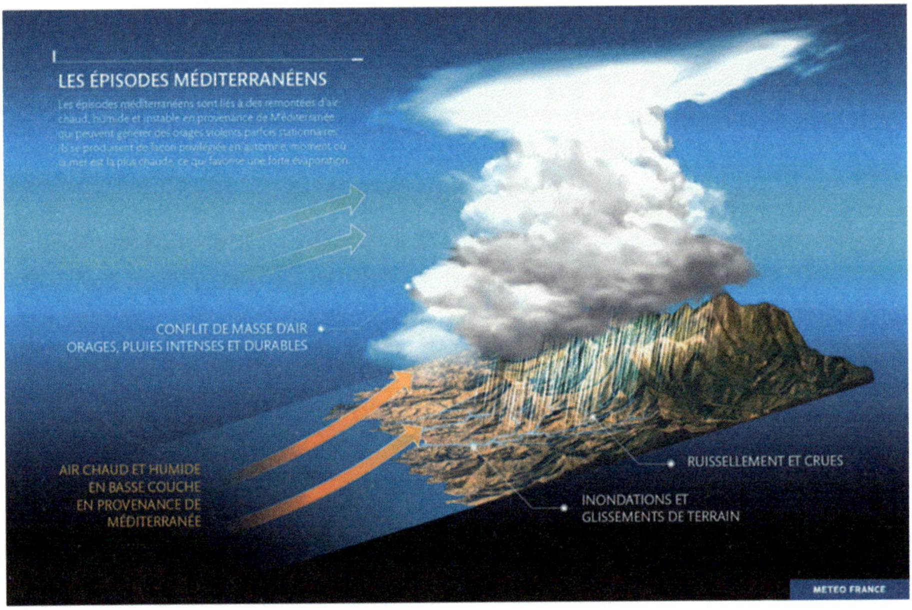

Pourquoi les « épisodes cévenols » sont si violents

Les « épisodes cévenols » naissent dans les Cévennes ou les Alpes du Sud du choc entre les masses d'air chaud remontées de la Méditerranée et l'air froid descendu des reliefs. Ils entraînent des orages d'autant plus violents qu'ils sont stationnaires. En réchauffant la Méditerranée, le changement climatique va générer des épisodes pluvio-orageux encore plus intenses.

presque l'équivalent de ce qui tombe à Paris en un an. Seuls les « épisodes cévenols » les plus sévères affichent de tels pics. Dans le Gard, lors des déluges meurtriers de l'été 2002 (22 morts), 635 millimètres s'étaient abattus en deux jours sur Saint-Christol-les-Alès et le Gardon avait englouti les rues de la cité touristique d'Anduze sous 2 mètres d'eau.

Là encore, on objectera que le midi de la France subit depuis des siècles ces « épisodes cévenols », nés du choc entre l'air chaud remontant de Méditerranée et l'air froid des reliefs des Cévennes et des Alpes. Alors, comment est-on certain que tous les événements météo extrêmes actuels sont bien le fait du dérèglement climatique ?

Dans le cas des « épisodes cévenols », le réchauffement de la Méditerranée – il sera compris entre 2 °C à 4 °C d'ici à 2100 – rend mécaniquement les conflits de masses d'air plus explosifs. Les pluies torrentielles vont aussi ruisseler plus fort sur la croûte imperméable des terres de plus en plus desséchées du sud de la France.

Quant aux crues meurtrières de l'été 2021 en Belgique et en Allemagne, les scientifiques du WWA (World Weather Attribution), qui rassemble des instituts de recherche de renommée mondiale, se sont penchés sur la question. Conclusion : de telles inondations avaient, avant le changement du climat, un risque de se produire « tous les quatre cents ans[2] » en Europe de l'Ouest.

Épicentre de la zone à risque

Avec le réchauffement de l'atmosphère, « qui a accru l'intensité des précipitations maximales [...] de 3 % à 19 % [...], la probabilité d'un tel événement par rapport à un climat plus froid de 1,2 °C a augmenté d'un facteur compris entre 1,2 et 9 ». Dans le haut de la fourchette statistique, la probabilité est donc multipliée par neuf !

À l'avenir, si la température monte de 2 °C, le plafond fixé par l'accord de Paris sur le climat, la probabilité, affirment-ils, « augmente encore d'un facteur 1,2 à 1,4 ». En clair, le risque que des inondations d'une ampleur exceptionnelle surviennent en Europe de l'Ouest bondit encore de 20 % à 40 %.

Inondations, crues éclair : la carte des risques par département

2050

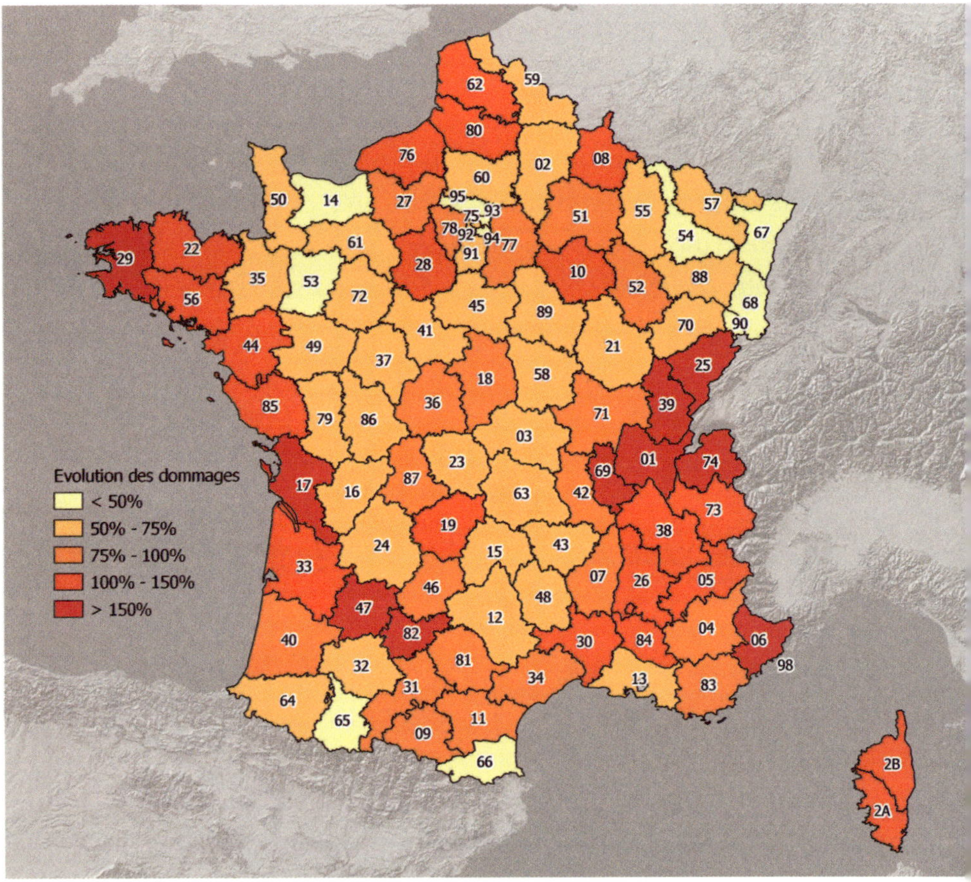

Il existe deux risques d'inondations. Les crues torrentielles, comme dans la vallée de la Roya, et par débordement lent des fleuves. Dans le scénario RCP8.5, les sinistres liés à ces deux types de catastrophes devraient plus que doubler d'ici à 2050. Ci-dessus, l'évolution des dommages futurs liés aux crues par débordement (+ 110 % d'ici 2050) et ci-contre, l'augmentation prévue des sinistres liés aux crues torrentielles (+ 130 % en 2050).

2055

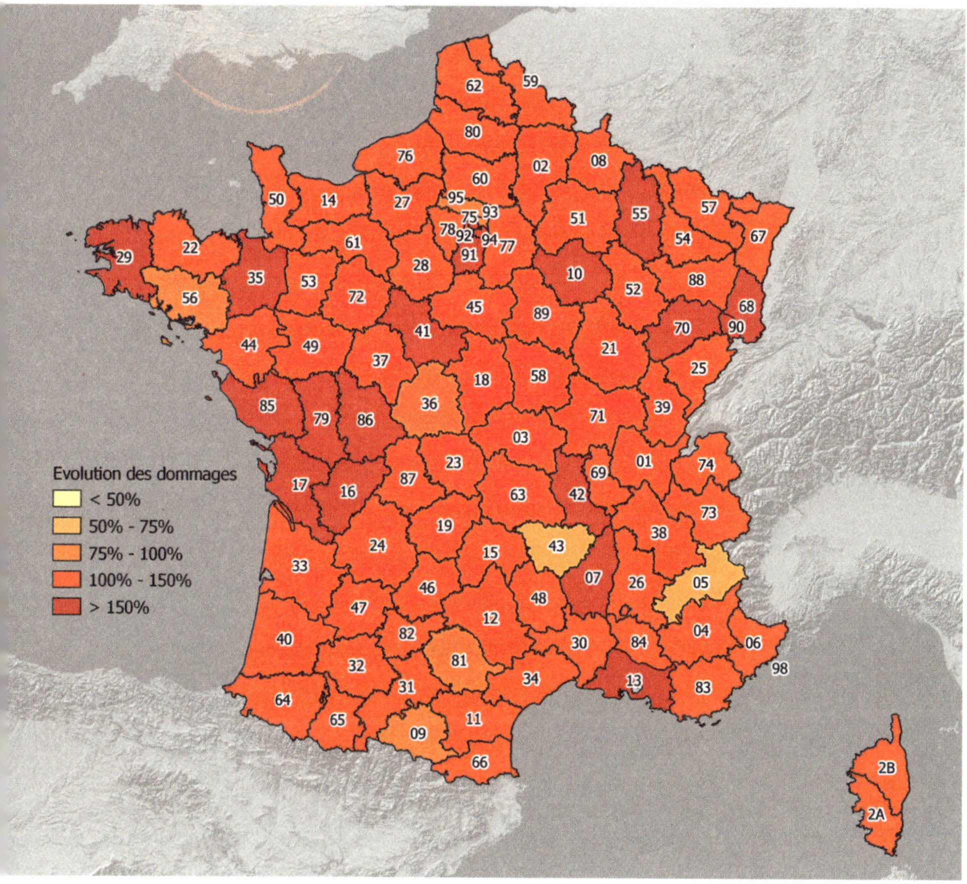

Evolution des dommages
< 50%
50% - 75%
75% - 100%
100% - 150%
> 150%
62
59
80
76
02
08
60
50
14
27
95
93
75
51
55
57
78
92
94
77
54
67
29
22
61
91
35
28
53
72
10
52
88
56
41
45
89
68
70
90
44
49
37
21
25
18
58
36
85
79
86
71
39
03
23
01
74
87
69
17
16
63
42
73
19
38
24
43
15
33
07
26
05
46
48
47
12
04
06
40
82
84
81
30
98
32
34
13
83
31
64
65
11
09
66
2B
2A

Au carrefour de l'Europe, la France se trouve à l'épicentre de cette zone à risque. « Le nord du pays sera de plus en plus confronté aux pluies extrêmes et continuera de subir des inondations comme celles de Reims de l'été 2021 ou de la crue de 2016 à Paris », annonce Jean-Michel Soubeyroux[3], de Météo France.

« La probabilité des pluies printanières [...], comme celles qui ont provoqué la crue de la Seine en 2016*, a augmenté avec le changement climatique d'un facteur 2. Tous les modèles le montrent », a précisé devant une commission du Sénat le climatologue Robert Vautard[4], directeur de recherche au CNRS et directeur de l'Institut Pierre-Simon-Laplace (IPSL).

Des pluies extrêmes plus fréquentes mais aussi plus intenses. « Plus l'atmosphère se réchauffera, plus elles vont se renforcer », confirme Caroline Muller[5], chercheuse au Laboratoire de météorologie dynamique de Paris et à l'Institut des sciences et technologies de Vienne en Autriche.

Promenade des Anglais inondée

La faute à une règle thermodynamique, bien connue des météorologues et des climatologues, la loi dite de Clausius-Clapeyron, du nom de deux physiciens du XIXe siècle. « À chaque

* Dans la capitale, un mois de pluie sans précédent depuis 1960 avait débouché en juin 2016 sur une crue majeure de la Seine dont le niveau avait atteint la cote de 6,10 mètres au pont d'Austerlitz.

degré supplémentaire, l'intensité des pluies extrêmes augmente de 7 %, résume Caroline Muller. Cela donnera 20 % de hausse si le réchauffement atteint 3 °C, ce qui est considérable. »

Voilà pour la théorie. Concrètement, qui sera concerné par la violence croissante des intempéries ? Outre-mer, les cyclones frapperont plus durement la Guadeloupe, la Martinique, Saint-Barthélemy et Saint-Martin. En métropole, « la baisse des précipitations moyennes ira partout de pair avec une augmentation des pluies extrêmes », avertit le climatologue Serge Planton[6].

L'Hexagone ne sera toutefois pas touché partout de la même façon. Toujours traumatisée par les dégâts de la tempête Alex, Nice redoute un autre scénario noir évoqué par les experts régionaux du climat[7]. « Une tempête, associée à de fortes précipitations, écrivent-ils, provoquerait une inondation de la promenade des Anglais et des maisons en première ligne. »

À l'autre bout du pays, dans le pire scénario du GIEC, « les précipitations intenses seront quatre fois plus fréquentes en Bretagne en 2050 », indique Romain Marteau[8], climatologue au sein du pôle « Risques majeurs » de l'assureur Covéa. Morlaix ou Redon risquent d'avoir assez souvent les pieds dans l'eau.

Crues éclair

Dans le sud du pays, poursuit-il, « vous avez des bassins-versants étroits où l'eau va monter très vite et très haut, avec des pluies très localisées qui peuvent transformer une petite rivière en un torrent qui emporte tout sur son passage. En 2050, prévient-il, les crues torrentielles de ce type, qui arrivent aujourd'hui tous les dix ans, se produiront tous les cinq ans. » Des vallées alpines seront alors totalement inhabitables.

Ces crues torrentielles ou crues éclair (*flash flood*) ne touchent pas que le sud de la France. « En 2021, à Saint-Dizier, des volumes d'eau importants, qui n'avaient pas pu s'infiltrer en ville dans des sols imperméables, se sont déversés dans les rues et ont inondé les caves et les rez-de-chaussée, observe Romain Marteau. Avec le réchauffement climatique, ces événements seront multipliés par cinq. »

Cas de figure bien différent avec les crues par débordement qui surviennent lorsque des pluies intenses jouent les prolongations pendant plusieurs jours et inondent lentement de vastes étendues de plaines. Selon une étude[9] conjointe de Covéa et du cabinet d'expert RiskWeatherTech, le volume de ces crues gonflera de 50 % d'ici à 2050.

Crue par débordement ou crue éclair, l'Île-de-France aura malheureusement droit aux deux. À en croire un rapport[10] commandé par la Ville de Paris, d'ici à la fin du siècle, les premières se déverseront avec des débits de crue de la Seine supérieurs de 20 % pour les épisodes décennaux (qui reviennent tous les dix ans) et de 40 % pour les crues centennales appelées plus communément « crues du siècle ».

Pour les secondes, le risque de crues éclair « liées au cumul de ruissellement important lors de précipitations intenses[11] » ira croissant. Des crues aussi soudaines que dangereuses quand des rivières en apparence inoffensives, comme le Loing ou l'Yvette, submergent des villages sidérés par la montée rapide des eaux qu'il faut parfois évacuer en urgence.

« Depuis la création en 1982 du régime de catastrophe naturelle, les deux tiers des arrêtés ont concerné en Île-de-France les crues par ruissellement, souligne Ludovic Faytre[12], chargé de l'étude des risques majeurs à l'Institut Paris Région. Dans les décennies à venir, elles vont augmenter de l'ordre de 20 %. »

En amont, dans l'estuaire de la Seine, un cocktail détonant débouchera sur des inondations plus fréquentes et plus massives, prévient le « GIEC normand »*. Qui met en garde contre l'accumulation de plusieurs phénomènes : montée du niveau de la mer, qui bloquera l'écoulement de la Seine, gonflant les crues à l'intérieur des terres, marées, tempêtes, pluies intenses, crues des rivières et des nappes…

Pour noircir un peu plus le tableau, en lessivant les sols, les pluies extrêmes pourraient aggraver de « 11 % à 27 % » les pollutions bactériennes et aux contaminants métalliques (plomb, mercure, etc.) des cours d'eau et des captages d'eau souterraine. Pire, les inondations pourraient « également mener à un effet cascade de risques à la fois industriels, sanitaires mais aussi économiques ».

À Rouen, des sites Seveso inondés

Alors que l'immense nuage toxique formé au-dessus de Rouen par l'incendie de l'usine Lubrizol en 2019 hante

* Le « GIEC normand » regroupe des experts issus principalement des universités de Caen et du Havre. Il n'a rien à voir avec le GIEC mis sur pied par l'ONU.

Avec le changement climatique, les pluies ne seront pas plus fréquentes mais plus intenses. Elles provoqueront de plus en plus d'inondations car l'artificialisation des sols, l'assèchement des zones humides et la bétonnisation des villes empêchent les eaux de s'infiltrer. Les dégâts sont d'autant plus désastreux que de nombreuses habitations ont été construites en zones inondables.

toujours les esprits, le rapport du « GIEC normand » met le doigt sur un sujet sensible. Dans la boucle de la Seine à Rouen, « les simulations montrent clairement que de nombreux sites ICPE* et Seveso seront touchés par ces inondations » comme des dépôts pétroliers, de gaz, de produits chimiques.

En plus des conséquences humaines, la montée en puissance des pluies extrêmes et des inondations qui en découleront aura donc un impact économique non négligeable. Ainsi, les Pays de la Loire, cruellement frappés en 2010 par la tempête Xynthia (47 morts dont 29 à La Faute-sur-Mer en Vendée), s'attendent à des jours difficiles.

« Le risque accru de pluies importantes et d'inondations menace de multiplier les incidents sur le réseau électrique », relève un groupe local d'experts[13]. Avec les pluies torrentielles ou les brusques montées du niveau des rivières et des fleuves qui s'annoncent, ils redoutent aussi la fragilisation « des piles des ponts et des remblais[14] ».

Au total, la facture des inondations, indemnisées à hauteur de plus de 20 milliards d'euros entre 1982 et 2020, devrait sérieusement s'alourdir d'ici à 2050. Selon Covea[15], l'un des acteurs du marché de l'assurance, si le pire des scénarios du GIEC se réalise, les dommages provoqués par les orages de grêle sur les biens et les voitures augmenteront de 20 % d'ici à 2050.

---

* Les sites industriels ou agricoles ICPE (installation classée pour la protection de l'environnement) sont des installations à risque, susceptibles de provoquer de graves pollutions ou des nuisances, dangereuses pour la santé ou la sécurité des riverains. Elles font l'objet d'un régime d'autorisations et d'une réglementation de prévention des risques particuliers.

Le coût sera plus conséquent pour les réparations des inondations par débordement. Il devrait bondir de 50 % à 100 % en France. Il ferait même plus que doubler sur la façade atlantique, dans la vallée du Rhône et en Picardie. Enfin, le remboursement des dégâts infligés par les crues éclair grimperait, lui, de 130 %. Les régions les plus sinistrées ont été identifiées : les Charentes, le Grand-Est et la vallée du Rhône, décidément le principal *hotspot* en France des risques d'inondation, même si, pour les pouvoirs publics, une nouvelle « crue du siècle » à Paris reste l'hypothèse la plus cauchemardesque.

9

À Paris, le spectre de la mégacrue

La vidéo de huit minutes montre un paysage de dévastation. Dans le sud de Paris, la Seine et la Marne, gonflées par d'interminables pluies, ont débordé de leur lit, inondant des quartiers entiers. Les entreprises, les écoles, une centrale électrique, un centre de traitement des eaux, un dépôt de carburant sont fermés, les voitures sont noyées sous un mètre d'eau. Bientôt, les arrondissements du sud de Paris, la gare de Lyon et l'hôpital de la Pitié-Salpêtrière seront sous les eaux.

Réalisée en images de synthèse, cette vidéo[1] époustouflante a servi de bande-annonce à un exercice grandeur nature, baptisé *Sequana* 2016*, organisé par la préfecture de police[2]. Objectif : simuler une crue majeure à Paris dont le niveau mesuré au pont d'Austerlitz atteindrait 8,10 mètres, pas loin du record de la crue historique de 1910 (8,62 mètres).

* Dans la mythologie celte, Sequana est la déesse associée à la Seine.

Alors que le dérèglement du climat a déchaîné tout au long de l'année 2022 une cascade de catastrophes naturelles, l'hypothèse d'une inondation monstre de la région parisienne revient agiter les esprits. La Ville Lumière plongée dans le noir, des rouages essentiels de la société paralysés : un cauchemar pour les responsables politiques, la sécurité civile, les services de santé, les forces de l'ordre.

La catastrophe la plus redoutée

On parle ici d'une crue phénoménale, caractérisée par une lente montée de la Seine et de ses affluents, qui inonderont une grande partie de la région parisienne et dont la décrue prendra des semaines. Rien à voir avec la crue éclair de la vallée de la Roya. Une inondation géante de l'Île-de-France toucherait des millions de personnes.

C'est simple : une crue centennale* en région parisienne par débordement de la Seine et de la Marne est considérée par les autorités comme la catastrophe naturelle la plus redoutable avec une crue majeure de la Loire, qui couperait les réseaux de communication nord-sud, et un séisme de forte magnitude sur la Côte d'Azur. Depuis 1910, Paris a connu huit inondations

* Une crue centennale a une probabilité de 1 % de se produire chaque année. Pour l'exprimer de façon imagée, on parle de crue du siècle. De la même façon, un épisode décennal a 10 % de risque de se produire chaque année et 20 % pour un épisode vicennal.

importantes mais seules deux, en 1924 et en 1955, ont à nouveau dépassé le seuil critique des 7 mètres. Une question taraude donc les pouvoirs publics : le changement climatique augmente-t-il, oui ou non, le risque à Paris de crue du siècle ?

Un peu partout dans le monde, la multiplication des mégacrues semble aller dans ce sens. En visite le 10 septembre 2022 dans un Pakistan ravagé par les pires inondations de son histoire, le secrétaire général de l'ONU, António Guterres, a évoqué un « carnage climatique ». Aux États-Unis, des chercheurs de l'université de Californie (UCLA) avaient publié un mois plus tôt un article[3] alarmant sur le lien entre climat et inondations.

Selon eux, le changement climatique double la probabilité (elle passe de 1 % à 2 %) que la zone de Los Angeles soit victime d'ici à 2060 d'une « méga-inondation » (*megaflood*) qui obligerait à déplacer 10 millions de personnes. Un fléau de plus en vue pour le *Golden State* déjà meurtri par des mégafeux réguliers et sous la menace du *Big One*, le tremblement de terre cataclysmique que tous les Californiens redoutent.

Pakistan, Chine, États-Unis… dans ces pays lointains, direz-vous, les conditions n'ont rien à voir avec ce que l'on connaît sous nos latitudes. Qu'en est-il chez nous ? « Sous l'effet du réchauffement climatique, des crues centennales, qui se produisaient une fois par siècle, vont revenir tous les vingt ans », répond Caroline Muller[4].

Voilà qui rejoint le constat de la Ville de Paris. S'appuyant sur les experts de Ramboll, un cabinet de conseil danois, la municipalité a réactualisé dans un rapport[5] dévoilé en 2021 le premier « diagnostic de vulnérabilité » de la capitale face aux risques climatiques, réalisé en 2012. En une décennie, ce diagnostic s'est singulièrement assombri.

À Paris, le thermomètre a déjà grimpé de 2,3 °C depuis les débuts de l'ère industrielle, plus vite que la moyenne mondiale, et devrait atteindre + 2,7 °C en 2050. Conséquence, les épisodes de pluies extrêmes vont se multiplier et se concentrer sur des périodes plus courtes entraînant, affirme la Ville de Paris, une hausse de 40 % du débit des crues centennales.

Les deux crues importantes du printemps 2016 (6,10 mètres) et de l'hiver 2018 (5,85 mètres) n'étaient donc que de simples répétitions générales. Désormais, les Parisiens doivent s'attendre à affronter bien pire. En tout cas, un phénomène comparable à la grande crue de 1910 qui avait inondé la ville pendant deux mois. À l'époque, l'armée était intervenue pour secourir 200 000 sinistrés, des cas de typhoïde et un début de famine avaient été signalés.

Cygne noir

Quand une catastrophe pareille nous tombera-t-elle de nouveau dessus ? Impossible à dire. On a affaire à un « cygne noir », un événement par nature imprévisible. « Dans le cas des grandes crues par débordement, on ne sait pas évaluer l'influence du dérèglement climatique sur leur fréquence », regrette Ludovic Faytre[6].

En fait, on ne pourra pas compter sur un quelconque Nostradamus pour prédire quand surviendra la catastrophe. « Une crue centennale peut ne pas se produire à l'échelle de plusieurs générations comme elle peut se répéter deux fois en dix ans, c'est ce qui est arrivé à Prague, inondé en 2002 et à nouveau en 2013, confirme Ludovic Faytre. C'est un peu comme à la roulette : le bon numéro peut ne pas sortir cinquante fois et puis, soudain, sortir deux fois de suite. »

Si on ignore quand, on sait en revanche à peu près où et qui frappera la crue du siècle. En complément des exercices sur le terrain, l'Institut Paris Région a produit une série de vidéos 3D[7] d'un réalisme saisissant. Elles montrent le Louvre, l'université de Jussieu, le quartier de la Bibliothèque nationale de France ou de la gare d'Austerlitz baignant dans plusieurs centimètres d'eau.

Mieux, une cartographie interactive[8] permet de savoir si son immeuble, sa maison ou l'école du quartier seront inondés par une crue exceptionnelle de la Seine, de la Marne et de l'Oise. En plaçant le curseur sur le scénario R1.15 (+ 15 % par rapport à 1910 avec une hauteur de 9,11 mètres au pont d'Austerlitz), pour les trois fleuves, l'image est saisissante.

L'Élysée sous l'eau

On découvre que la cour du palais de l'Élysée, la place donnant accès à l'Assemblée nationale, le quai qui longe le musée du Louvre, le parvis de l'Hôtel de Ville et le quartier de la gare de Lyon sont sous 2 mètres d'eau. Dans les allées du Jardin des plantes, elle est montée entre 1 et 1,5 mètre comme au centre commercial Beaugrenelle sur les bords de Seine.

Hors de Paris, de Viry-Châtillon à Créteil en passant par Joinville-le-Pont, toutes les communes de l'Essonne, du Val-de-Marne et de la Seine-et-Marne situées le long des fleuves en amont de Paris sont en partie inondées. La moitié de Choisy-le-Roi et un tiers de Vitry-sur-Seine sont submergés. Même situation dramatique, en aval, dans le quartier d'affaires de La Défense, poumon économique de la région, et dans la zone du grand port fluvial de Gennevilliers.

Ces cartes et ces vidéos donnent une idée assez précise du danger, elles ne reflètent pas l'exacte réalité par définition imprévisible. Une certitude : « Une inondation majeure aurait des conséquences dramatiques en Île-de-France, qui est l'une des agglomérations les plus denses du monde, souligne Ludovic Faytre. C'est là que réside sa vulnérabilité. » Avec 450 000 logements inondés, la moitié des lignes de métro fermées et la capacité d'accueil des hôpitaux amputée de 40 %, l'impact sera infiniment plus fort qu'en 1910.

« À l'époque, Paris comptait plus d'habitants qu'aujourd'hui mais vous faisiez 5 kilomètres et c'était la campagne. Aujourd'hui, toute la zone autour du fleuve a été urbanisée, explique Ludovic Faytre. On a simplement oublié que le fleuve peut déborder. Or, dans l'agglomération, 830 000 personnes vivent en zone inondable et seront directement touchées en cas de crue majeure. Une crue éclair, ce sont des dégâts localisés, une grande crue par débordement, c'est une crise systémique. »

Le phénomène sera si puissant que les lacs-réservoirs censés « éponger » les crues en amont de Paris n'y pourront rien. D'une capacité de 800 millions de mètres cubes, ils ne sont pas dimensionnés pour absorber les milliards de mètres cubes d'eau charriés par une crue géante. « Si les pluies à l'origine de la crue ont lieu en aval ou si les barrages sont déjà remplis par les pluies du printemps, leur efficacité sera plus limitée, ajoute Ludovic Faytre. Ils permettent de lutter contre les petites crues, ils ne sont pas suffisants face à une crue majeure. »

Les zones inondées en cas de crue du siècle

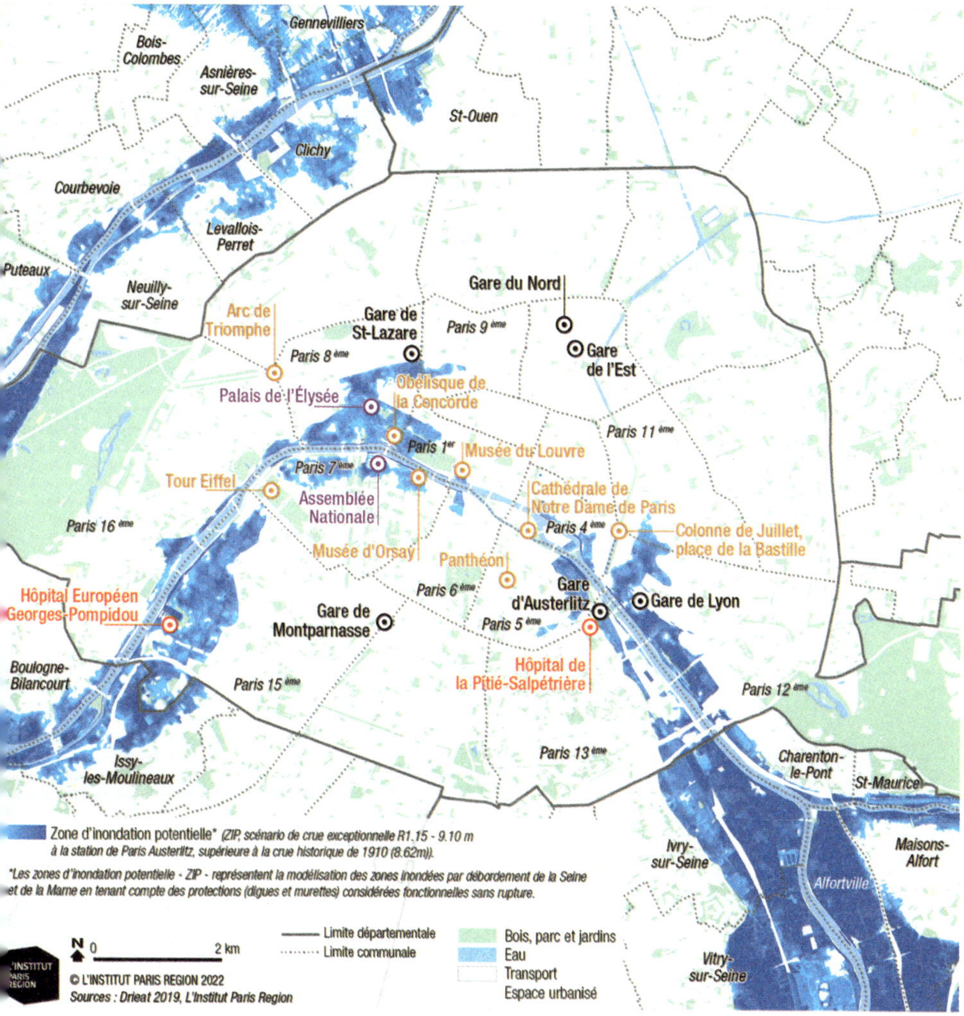

Voici les quartiers de Paris qui auraient les pieds dans l'eau dans le scénario R1.15, c'est-à-dire d'une crue de la Seine supérieure de 15 % à la crue historique de 1910. Dans une telle hypothèse, la Seine, mesurée au pont d'Austerlitz, atteindrait une hauteur record de 9,10 m.

De même, le relèvement des quais de la Seine et les murets de protection décidés après la terrible crue de 1910 ne laisseront qu'un court répit aux habitants de Paris *intra-muros*. En banlieue, le fleuve aura largement le champ libre. Mais que sait-on réellement de la menace potentielle ? Pour le savoir, il faut se plonger dans les documents officiels de prévention des risques.

À commencer par celui qui décrit le scénario retenu pour l'exercice de simulation *Sequana 2016*. Il fournit une bonne indication de ce qui nous attend même si une catastrophe majeure ne se déroule jamais comme on l'avait prévu et réserve toujours son lot de (très) mauvaises surprises. Le script de la catastrophe se joue en trois actes.

10 000 soldats en renfort

Premier acte. Des pluies diluviennes s'abattent sur la région parisienne. Les eaux de la Seine, de la Marne et de l'Yonne montent à un rythme qui passe de 50 centimètres à 1 mètre par jour. Les communes en amont de Paris sont inondées. Sept jours avant la crue, l'alerte météo est donnée. Préventivement, le métro ferme ses portes, la RATP bétonne les entrées des stations et les bouches d'aération pour éviter les infiltrations en sous-sol.

Dans le même temps, 1,5 million d'habitants sont privés d'électricité, autant d'eau potable et le réseau télécom est en partie inutilisable. Depuis que la Seine a atteint 6,50 mètres, la préfecture de région, située en bord de Seine à côté de l'immeuble de France Télévisions, a été évacuée et un PC de crise mis sur pied dans un site sécurisé. Situé en plein dans la zone inondable, l'Élysée ferait ses cartons et se replierait au château de Vincennes.

Deuxième acte. La cote de 8,13 mètres est dépassée. Le plan Orsec a été déclenché. Trois jours avant le pic de la crue, le préfet a donné l'ordre d'évacuer les zones les plus à risque. Les pompiers, le Samu, les services d'urgences sont sur le pied de guerre, 150 policiers et 900 sauveteurs mobilisés. Dix mille soldats de la force Neptune sont appelés en renfort pour secourir les sinistrés et ravitailler les habitants piégés chez eux. Les centres d'hébergement d'urgence sont réquisitionnés, les hôpitaux et les maisons de retraite mettent à l'abri les personnes les plus vulnérables dont certaines sont évacuées par hélicoptère.

Les crises en cascade s'enchaînent et cet « effet domino » rend la situation extrêmement difficile à maîtriser. Sans électricité, les pompes ne peuvent plus amener l'eau dans les étages ; sans téléphone, impossible d'appeler les secours ; si Rungis est sous les eaux, plus d'approvisionnement des commerces. Trouver de quoi manger devient par endroits un problème alors que les Parisiens n'ont jamais chez eux plus de trois jours de nourriture.

Rats en surface

Les rues inondées sont impraticables, impossible de traverser Paris du nord au sud sans faire un long détour par le périphérique, les caves sont noyées, les ascenseurs en panne, de nombreux magasins ont baissé leur rideau. « Il se peut également que le nombre d'animaux errants augmente considérablement du fait de la crue », signale la préfecture, qui ajoute ce détail effrayant : « Il faut s'attendre à la remontée des rats en surface et à la multiplication des maladies animales[9]. »

Pour les Franciliens, qui n'ont pas pu se réfugier chez de la famille ou des amis, c'est une raison de plus de rester cloîtré chez soi. Avant que la Seine déborde les quais, les consignes de sécurité leur avaient été répétées : faire des réserves de nourriture, d'eau, de médicaments, de vêtements chauds, se munir d'une radio à piles pour rester informé, de lampes de poche… Mais les Français n'ont pas comme les Japonais la culture du risque.

Troisième acte. La décrue s'amorce. Elle prendra des jours, voire des semaines. Les opérations de pompage, de nettoyage et de dépollution débutent, les services publics (électricité, gaz, transports, télécom, traitement des eaux, des déchets) s'emploient à remettre en état les installations, les fondations des immeubles sont inspectées avant le retour des habitants. Peu à peu, la circulation est rétablie mais il faudra du temps pour que Paris retrouve une vie normale, plusieurs années même, selon le cabinet d'études de la Ville de Paris.

Le pays est-il préparé à cela ? « On sait gérer 5 000 personnes à évacuer ou à héberger en urgence pendant plusieurs jours mais qu'en sera-t-il quand il faudra prendre en charge des dizaines ou des centaines de milliers de personnes ? s'interroge Ludovic Faytre. On s'y prépare mais nous n'avons jamais été confrontés à une telle crise. Nous n'avons pas de référence. » Seul événement récent comparable, les inondations monstres de La Nouvelle-Orléans provoquées par l'ouragan Katrina en 2005.

Facteur aggravant, en Île-de-France, « le phénomène peut s'accompagner de remontées de nappes phréatiques, explique le responsable des risques naturels de l'Institut Paris Région. En 1910, ce n'était pas grave, les immeubles haussmanniens avaient une cave remplie de charbon, dans un immeuble moderne vous avez cinq parkings en sous-sol où s'empilent les réseaux et les canalisations. Il faudra aussi gérer les problèmes de sécurité : les vols, les agressions… »

Sans parler des conséquences à moyen et long terme de la catastrophe. L'OCDE* s'est penchée sur la question dans un rapport[10] rendu en 2014. Premier constat : « Malgré les investissements de protection, l'urbanisation croissante et les interdépendances des infrastructures critiques ont accru la vulnérabilité de la région parisienne à une épreuve de la gravité de celle de 1910. »

Dans ces conditions, « une crue majeure pourrait impacter directement et indirectement près de 5 millions de citoyens […], perturber profondément le fonctionnement de l'État et des institutions, ainsi que l'ensemble des infrastructures et réseaux critiques (électricité, transport, eau, télécommunication, chauffage) ». Pendant combien de temps ? « Les effets pourraient se faire sentir plus d'un trimestre », répond l'OCDE.

Choc économique

Plus de trois mois de chaos auxquels s'ajouteront une facture des dégâts qui pourrait se chiffrer à 30 milliards d'euros et « un choc de grande ampleur » sur l'économie du pays. L'évaluation haute de l'OCDE fait état d'un recul

* Organisation de coopération et de développement économique.

Mégacrue : 5 millions de Franciliens touchés

En raison de l'urbanisation des zones situées le long du fleuve, une crue majeure toucherait directement ou indirectement 5 millions d'habitants en Île-de-France, 1,5 million seraient privés d'électricité et les dégâts se chiffreraient à quelque 30 milliards d'euros. Hors de Paris, toutes les communes de l'Essonne, du Val-de-Marne, de la Seine-et-Marne et des Hauts-de-Seine auraient les pieds dans l'eau.

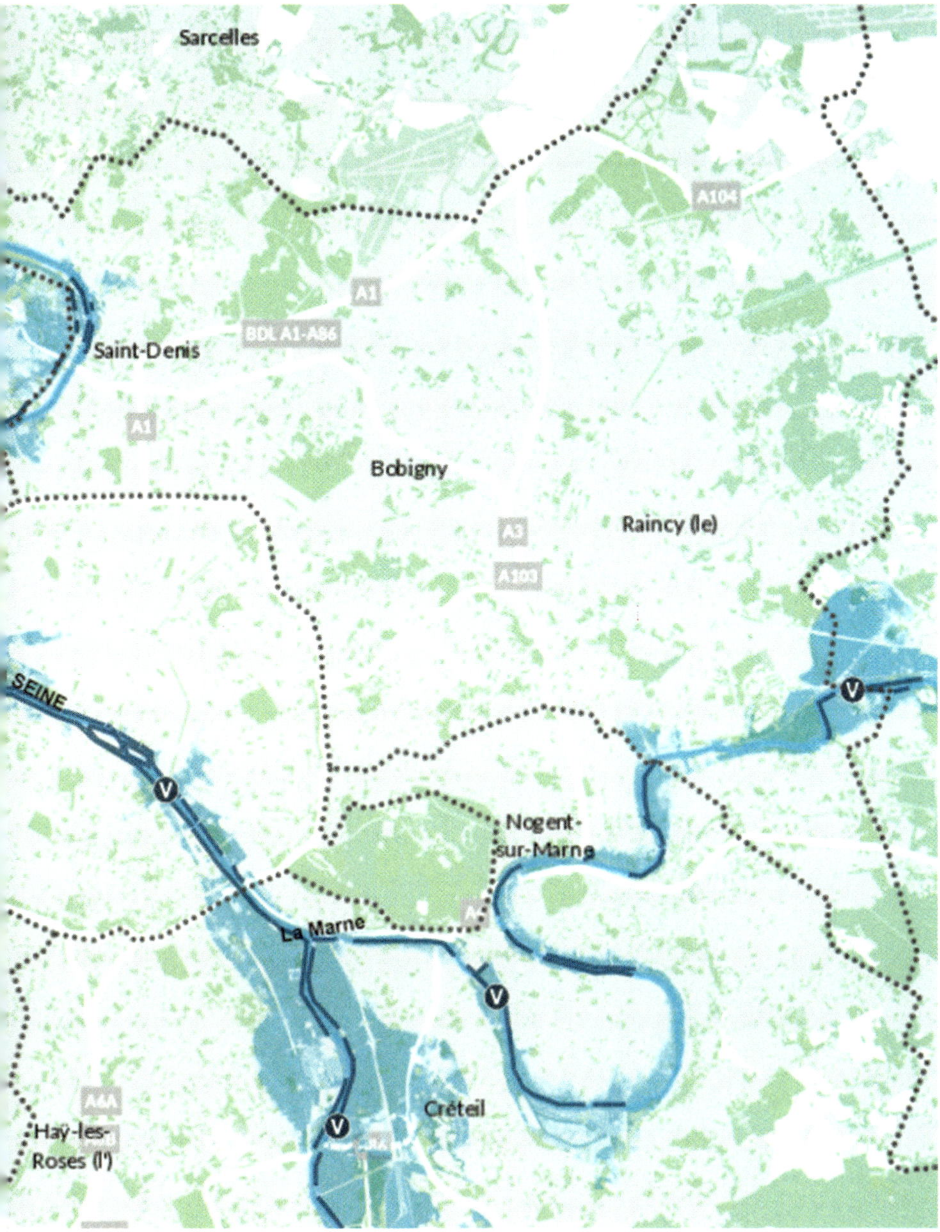
Sarcelles
A104
A1
BDL A1-A86
Saint-Denis
A1
Bobigny
Raincy (le)
A3
A103
SEINE
Nogent-
sur-Marne
La Marne
Créteil
A6A
Hay-les-
Roses (l')

du PIB de 3 % sur cinq ans, soit une chute de 58,5 milliards d'euros de la richesse nationale. Dans l'hypothèse la plus pessimiste, 400 000 personnes pourraient perdre leur emploi à la suite de la future crue du siècle.

« Des mois, peut-être des années seront nécessaires pour s'en remettre », estime Ludovic Faytre. Dans les zones historiques de la ville, pas question de toucher aux constructions existantes exposées au risque d'inondation. Inimaginable, en effet, de raser des centaines d'immeubles, d'exproprier leurs habitants, de délocaliser l'hôpital Georges-Pompidou ou le port de Gennevilliers pourtant en première ligne en cas de crue de la Seine.

Le vrai problème est que, entre 2000 et 2018, « plus de 85 000 logements, très majoritairement collectifs, ont été construits en zones inondables dont les trois quarts sur le territoire de la métropole du Grand Paris, observe Ludovic Faytre. Et ce processus important de densification en zone inondable est amené à se poursuivre[11] ». Ce sera notamment le cas sur le territoire de Seine-Amont dans le Val-de-Marne, dans les boucles de la Seine ou dans les Hauts-de-Seine.

Au total, 70 000 logements par an devraient voir le jour dans le cadre du Grand Paris. Des opérations qui « peuvent paraître en contradiction avec les objectifs affichés par les politiques de gestion des risques d'inondation[12], relève Ludovic Faytre. Pour vivre, demain, avec les risques de crue majeure de la Seine et de la Marne, il faudrait à l'évidence repenser les aménagements urbains et l'architecture de l'habitat dans un objectif de réduction de la vulnérabilité et de plus grande résilience ».

L'agence d'aménagement et d'urbanisme de l'Île-de-France a dans ses cartons des solutions concrètes et des projets sortent déjà de terre à Choisy-le-Roi ou à Pont-Sainte-Maxence. Dans les nouveaux quartiers, plus résilients, pas de logements au rez-de-chaussée des immeubles mais des commerces, des espaces de coworking, etc. En étage, les logements sont conçus pour que l'on puisse y vivre plusieurs jours en mode dégradé.

De leur côté, les écoles et les crèches seront pensées de façon à rouvrir leurs portes un mois maximum après avoir été inondées et, comme tous les lieux publics, pour servir de refuge temporaire. Les rues, dont le revêtement facilitera le drainage des eaux, et les passerelles piétonnes seront surélevées au-dessus du niveau de la crue. On imagine enfin ces quartiers entourés de zones tampons, prairies ou champs, qui absorberont les débordements du fleuve. Une préfiguration de la « ville-éponge » du futur.

10

Le Havre et Bordeaux sous les eaux

Ce jeudi 23 septembre 2021, Jean-Luc Mélenchon, candidat à l'élection présidentielle, lance sur BFMTV cette étonnante prophétie : « Le réchauffement mettra en danger la centrale nucléaire de Blaye parce que Bordeaux sera sous l'eau en 2050, prédit-il. En 2050, si on ne fait rien, la Camargue, le marais poitevin, Dunkerque et Bordeaux seront sous l'eau. Un million de Français seront inondés chaque année. »

La prédiction aura sans doute étonné plus d'un téléspectateur. Pourtant, elle est, dans sa tonalité, assez conforme au constat alarmant dressé deux ans plus tôt par les experts internationaux du climat dans le rapport spécial du GIEC sur les océans[1]. En résumé, la montée du niveau de la mer s'accélère à un rythme effréné : deux fois et demie plus rapide qu'au siècle dernier.

Du fait de la dilatation thermique de l'océan, de la fonte des glaciers continentaux et polaires, le niveau marin grimpera de 20 à 30 centimètres jusqu'en 2050 quel que soit le scénario de nos émissions de CO_2, optimiste (RCP2.6) ou pessimiste (RCP8.5). En 2100, le niveau de la mer atteindra la cote de + 43 centimètres dans le premier scénario, + 84 centimètres dans le second et de plus de 2 mètres au siècle prochain.

Pire, les océans pourraient monter « au-delà de 1 mètre » en 2100 en raison d'une fonte encore plus rapide que prévu de l'Antarctique dont l'effondrement partiel de la calotte aurait un « impact majeur ». Les spécialistes estiment que l'enfoncement dans les eaux du seul glacier Thwaites, rebaptisé le « glacier de l'apocalypse », ferait grimper le niveau des mers d'environ 60 centimètres.

Signe avant-coureur, en mars 2022, le thermomètre a affiché – 11,5 °C sur les hauts plateaux du pôle Sud, alors qu'en cette saison la température tourne ordinairement autour de – 55 °C. Résultat de cette incroyable douceur, un morceau de banquise de la taille de Los Angeles s'est effondré dans l'océan.

Avec ou sans dislocation de l'Antarctique, une portion des zones côtières, où se concentreront au milieu du siècle 1 milliard d'habitants dans le monde, pourrait être inondée par la montée des eaux dans trente ou quarante ans. Des atolls du Pacifique, les Maldives, les Seychelles seront les premiers engloutis. Dans le pire scénario, a prévenu le GIEC, « les deltas et les villes côtières riches », mieux protégés, le seront après 2050 avec des dégâts liés aux inondations « multipliés par cent ou mille ».

La liste des métropoles menacées par les eaux laisse songeur : Hong Kong, Bangkok, Dacca au Bangladesh, Jakarta, Calcutta, Rio de Janeiro, Lagos, New York, Washington, La Nouvelle-Orléans, Miami… En Europe, Amsterdam et Rotterdam sont en première ligne ; dans l'estuaire de la Tamise, Londres devra engager des travaux titanesques pour ne pas subir le même sort que Venise.

Quant à la France, le tableau est tout aussi inquiétant. À l'horizon de la fin du siècle, « avec 1,5 °C de réchauffement, le niveau montera en France de 50 centimètres, jusqu'à 80 centimètres à + 2 °C et d'allègrement plus de 1 mètre à + 3 °C ou + 4 °C en 2100, ce qui est la courbe actuelle », annonce Stéphane Costa[2], chercheur au laboratoire Géographie physique et environnement de l'université de Caen. Des hauteurs de 1,7 à 1,8 mètre à la fin du siècle sont envisageables. L'impact financier sur le régime d'assurance des catastrophes naturelles serait phénoménal. Même dans un scénario optimiste (+ 20 centimètres à l'horizon 2050), le coût des submersions marines bondira de plus de 60 %, selon une étude de la Caisse centrale de réassurance (CCR)[3].

1,5 million de Français menacés

Particulièrement exposés, les territoires d'outre-mer où de nombreuses îles sont déjà régulièrement inondées à marée haute. « Dans les atolls, qui sont à ras de mer, l'élévation du niveau de l'océan va servir de tremplin aux cyclones qui pourront développer des submersions de 2 ou 3 mètres en quelques heures », avance Stéphane Costa. L'archipel des Tuamotu en Polynésie est en première ligne mais les îles hautes, où les activités se concentrent sur la bande côtière, et les Antilles ne seront pas épargnées si le réchauffement climatique démultiplie la force des cyclones et des ouragans.

Aggravée par le bouleversement des pressions atmosphériques et des vents, la menace est également tangible sur le sol de la métropole. Le gouvernement a ciblé 864 communes littorales qualifiées de « particulièrement vulnérables ». Au total, 1,5 million de Français[4] sont menacés dont 30 % entre la frontière belge et le Mont-Saint-Michel. Autres chiffres édifiants : 620 000 maisons et 700 000 appartements pourraient se retrouver les pieds dans l'eau dont plus de la moitié dans les Hauts-de-France, en Normandie et sur la côte méditerranéenne.

Embouchures, delta, lagunes… « toutes les zones situées à 1 ou 2 mètres au-dessus de la mer risquent d'être submergées, alerte Stéphane Costa, coprésident du « GIEC normand », notamment parce que, en s'élevant, le niveau de la mer va servir de tremplin aux vagues de tempêtes ». D'ici à 2050, « la montée des eaux va augmenter la fréquence et l'intensité des épisodes de submersion marine », ajoute Bruno Castelle[5], océanographe à l'université de Bordeaux. Une tranchante épée de Damoclès dans un pays dont 40 % de la population pourrait s'agglutiner sur le littoral au milieu du siècle.

Afin de visualiser les zones à risque, le BRGM* a conçu une carte interactive[6] qui montre, rue par rue, les communes inondables. Si la mer monte d'un petit mètre, Dunkerque et Calais sont submergés, Le Crotoy en baie de Somme est inondé. La mer s'infiltre dans les rues de Dieppe, Fécamp, Le Havre, Saint-Malo, Saint-Nazaire, La Rochelle et Saint-Jean-de-Luz. En Méditerranée, Collioure, les trois quarts de la Camargue et une bonne partie de Saint-Tropez sont sous les eaux.

* Bureau de recherches géologiques et minières.

Le littoral face au risque de submersion marine

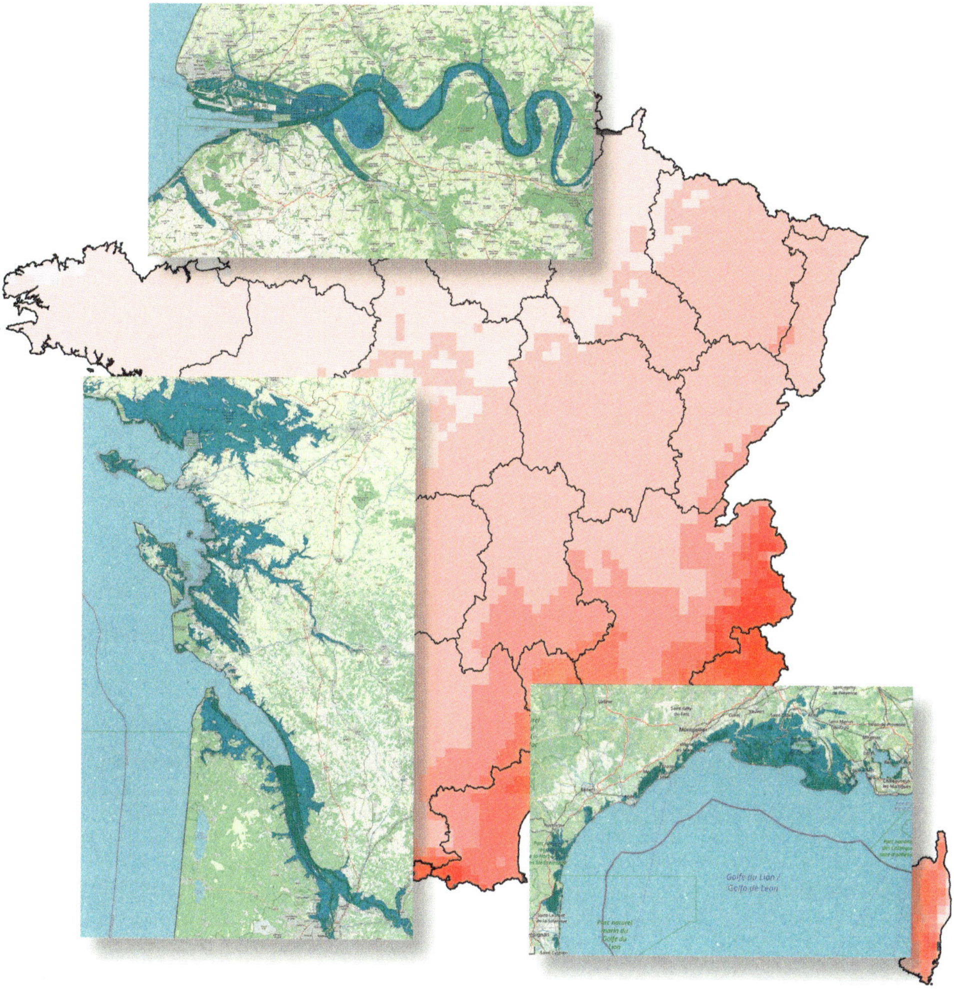

Si le niveau de la mer monte d'un mètre, 1,5 million de Français sont menacés par la submersion marine dans de grandes villes, comme Dunkerque ou Bordeaux. La carte du BRGM montre les zones situées sous les niveaux marins les plus hauts et donc vulnérables en cas de tempête et de forts coefficients de marée, sans tenir compte des ouvrages de protection.

Spectaculaire, la carte « part d'un coefficient de marée exceptionnel de 120*, rajoute l'élévation du niveau de la mer dû au réchauffement climatique, en l'occurrence 1 mètre, et une surcote liée à une forte tempête, explique Sophie Lecacheux[7], ingénieure au BRGM. Ensuite, on fait une projection statique de ce niveau marin sur la topographie des côtes. »

Zones vulnérables

En d'autres termes, « les protections côtières, naturelles ou artificielles, ne sont pas prises en compte, précise Sophie Lecacheux. La carte identifie les zones basses considérées comme vulnérables car on n'est jamais à l'abri d'un débordement ou d'une brèche dans une digue qui laisse l'eau s'infiltrer comme à La Faute-sur-Mer**. »

Malgré ses limites, la carte du BRGM a le mérite de localiser les zones urbanisées, les bassins d'emploi et les sites touristiques en danger. « Elle montre que, s'il y a des brèches dans le système de

* À titre de comparaison, les coefficients de marée de trois tempêtes parmi les plus catastrophiques ayant déferlé sur les côtes françaises étaient de 94 dans le cas de Lothar fin 1999, de 102 pour Xynthia en 2010 et de 88 au plus fort de la tempête Alex qui a dévasté les vallées de la Vésubie, de la Roya et de la Tinée en 2020.

** En France, la tempête Xynthia a provoqué la mort de 47 personnes dont 29 à La Faute-sur-Mer en Vendée où ni la digue ni la dune protégeant le village n'ont empêché l'eau de s'y engouffrer. Au total, près de 200 kilomètres de digues ont été endommagées par la tempête en Vendée et en Charente-Maritime.

protection du littoral, ça va être très compliqué », pointe Stéphane Costa. Pour situer les zones réellement balayées par les flots si la mer monte de 1 mètre, il faut se plonger dans les rapports du BRGM et les plans locaux contre les risques inondations (PPRL, PAPI...).

Sans surprise, la Côte d'Opale, entre Dunkerque et Calais, ainsi que la large plaine de l'arrière-pays située jusqu'à Saint-Omer sous le niveau des hautes mers sont les plus en péril. Dans cette zone, où se trouve le site nucléaire de Gravelines, 73 000 habitants[8] sont directement soumis au risque de submersion.

En cas de tempête centennale* se rajoutant à la montée des eaux et d'une défaillance des digues, la mer déferlera à Dunkerque par l'avant-port, inondera Malo-les-Bains, Bray-Dunes et submergera l'est de la ville. À Étretat, l'université de Caen a reconstitué en réalité virtuelle la répétition de la tempête historique de février 1990 augmentée de 1 mètre. Casque 3D sur les yeux, les élus locaux ont pu voir, médusés, une vague de 80 centimètres déferler sur la ville.

Le Havre, dont le port moderne est bâti sur un vaste polder, a, lui aussi, de quoi s'inquiéter. En cas de tempête centennale, la ville basse et les bords de Seine jusqu'à Tancarville seront engloutis. Dans le Calvados voisin, 22 communes**,

---

* Dans les plans de gestion des risques, l'une des références prises en compte est celle d'une tempête centennale, c'est-à-dire qui a une chance sur 100 de se produire à laquelle on ajoute 60 centimètres d'élévation du niveau de la mer en 2100. C'est le scénario dit « moyen 2100 ».

** Isigny-sur-Mer, Grandcamp-Maisy, Vierville-sur-Mer, Saint-Laurent-sur-Mer, Port-en-Bessin, Arromanches, Saint-Côme-de-Fresné, Asnelles, Meuvaines, Vers-sur-Mer, Graye-sur-Mer, Courseulles sur Mer, Colombelles, Mondeville, Cabourg, Dives-sur-Mer, Bernières-sur-Mer, Colleville-Montgomery, Ouistreham, Sallenelles, Merville-Franceville et Varaville.

dont Ouistreham et Cabourg, sont en « risque majeur de submersion[9] ». Au total, sur 1 000 kilomètres carrés « plus de 100 000 résidents, logements et emplois[10] » sont inondables.

Si la Bretagne est moins exposée aux submersions marines, la mer pourrait toute de même s'engouffrer par le pays bigouden, la baie de Fouesnant ou le golfe du Morbihan, menaçant d'inonder au total 130 000 habitants. Dans le scénario « moyen 2100 », le pied des remparts de Saint-Malo et les communes proches sont inondés. Le centre et l'est de la ville sont noyés par endroits sous 2 mètres d'eau, Cancale est en partie submergé, la plaine du marais de Dol est sous l'eau et la mer déborde jusqu'au nord de Dol-de-Bretagne à 9 kilomètres de la côte.

Île de Ré en danger

Plus au sud, les Pays de la Loire vont se retrouver dans la tourmente. Dans son rapport[11], le groupe d'experts mis sur pied dans la région pointe « un risque élevé » de submersion des zones basses du littoral, « voire très élevé en cas de tempête ». Risque « aggravé par la part importante de population âgée » habitant le long des côtes et « la surexposition des infrastructures portuaires et des digues ».

Sur l'île de Noirmoutier, « un bâtiment sur trois est dangereusement inondable[12] ». De même, La Faute-sur-Mer et les communes limitrophes, sinistrées en 2010 par Xynthia, ainsi que La Barre-de-Monts, sont classées rouge dans l'échelle des risques. Plus bas, le marais poitevin, situé par endroits 2 ou 3 mètres sous le niveau de la mer, sera submergé à plus ou moins long terme.

« Une grande partie du littoral charentais a été gagnée sur la mer depuis le XIe siècle, rappelle la préfecture de Nouvelle-Aquitaine[13]. De vastes zones de polders, protégées par des digues, sont sous le niveau des plus hautes eaux marines. C'est le cas pour les îles de Ré et d'Oléron [...]. Ces digues vieillissantes peuvent se rompre et l'eau se répandre rapidement dans les secteurs topographiquement bas. »

Les grandes villes comme La Rochelle et Rochefort ne sont pas à l'abri. « En Nouvelle-Aquitaine, la question se posera de l'habitabilité de certaines zones du littoral, alerte Bruno Castelle, parce que être inondé tous les cinquante ans, c'est supportable, tous les deux ou trois ans, c'est invivable. » Ce sera le cas à Saint-Jean-de-Luz, à la Grande Plage de Biarritz, à Libourne et dans le bassin d'Arcachon où un exercice grandeur nature simulant des vagues de 5 mètres a été organisé en septembre 2021 par la sous-préfecture.

Arrêtons-nous à Bordeaux qui concentre les enjeux les plus forts. Au fond de l'estuaire de la Gironde dont la forme d'entonnoir amplifie l'onde de choc des tempêtes, la montée du niveau des mers attendue en 2100 y sera « déjà très sensible à l'horizon 2050 », prévient un rapport régional d'experts[14] selon lequel le risque de submersion « pourrait affecter significativement les zones urbanisées de l'aire métropolitaine bordelaise ». Soit entre 85 000 et 115 000 habitants.

Sur le site de la préfecture[15], la carte des risques montre l'ampleur de la catastrophe potentielle. Dans le scénario « moyen 2100 », le nord (Bordeaux-Lac, Blanquefort,

Parempuyre, Ludon-Médoc) et l'est de la ville (Ginko, Bacalan) sont inondés. Sur la rive droite de la Garonne, La Bastide, Bouliac et une partie de Bassens pataugent dans plusieurs centimètres d'eau. Au sud, Bègles subit le même sort.

Centrale nucléaire du Blayais

Quant à la centrale nucléaire du Blayais, entre Bordeaux et Royan, « c'est un sujet sensible, signale Bruno Castelle. Lors de la grande tempête de 1999, on a frôlé la catastrophe. Si le coefficient de marée avait été de 110, il y aurait eu un accident nucléaire majeur ». Le choc a été tel que « le guide de prévention des risques qui a été rédigé ensuite sert de référence à l'Union européenne », souligne Philippe Dupuy[16], directeur adjoint à l'Autorité de sûreté nucléaire (ASN).

Pour faire face à la montée de la mer qui ferait sortir la Gironde de son lit en cas de tempête, « on a prévu un périmètre d'étanchéité qui garde la zone sensible de la centrale au sec même si l'eau pénètre dans la plateforme, assure Philippe Dupuy. Construit en bord de mer, le futur EPR de Flamanville 3 a été surélevé de 1 mètre par rapport à l'actuelle centrale, précise-t-il, pour tenir compte d'une tempête millénale* et du scénario le plus pessimiste du GIEC d'élévation du niveau de la mer dans cent ans ».

* Qui a une probabilité de 1/1 000 de se produire ou, pour le dire de façon imagée, qui risque de se produire une fois tous les mille ans.

De l'Atlantique, passons à la Méditerranée qui n'est pas à l'abri de mini-tsunamis. Là, le niveau va s'élever, selon le GIEC[17], de 15 à 33 centimètres d'ici à 2050 et jusqu'à 1,1 mètre en 2100 dans le scénario pessimiste RCP8.5. Le nombre d'habitants exposés aux risques de submersion côtière (42 millions actuellement dans l'ensemble du Bassin méditerranéen) pourrait bondir de 130 % d'ici à 2050, notamment dans les pays du sud et de l'est du Bassin méditerranéen. En France, « d'ici à 2100, le risque d'inondation pourrait augmenter de 50 %[18] ».

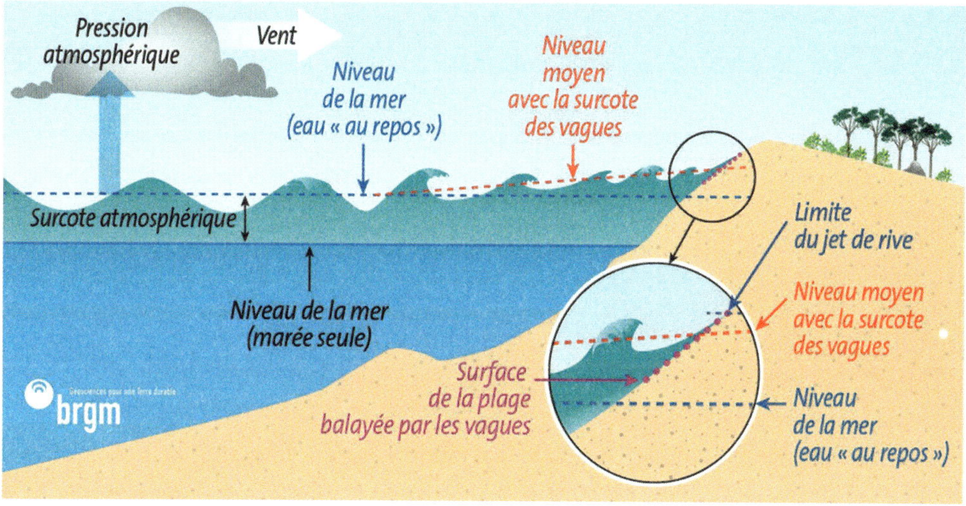

Submersion : un phénomène aggravé par le climat

La montée du niveau de la mer liée au changement climatique renforce les risques de submersion côtière engendrée, en cas de fort coefficient de marée, par une tempête impliquant une grosse houle (surcote des vagues) et une chute de pression de l'atmosphère (surcote atmosphérique). Les inondations littorales se produisent alors par débordement, par « paquets de mer » ou par rupture des ouvrages de protection.

Sur le littoral occitan, environ 80 000 habitants seront dangereusement exposés aux débordements de *mare nostrum*. Les stations balnéaires de Banyuls-sur-Mer à Barcarès, l'agglomération de Narbonne, le bassin de Thau (Agde, Marseillan, Frontignan, Sète…) et le sud de Montpellier (Lunel, Mauguio, Palavas-les-Flots) sont classés à haut risque.

Derrière la carte postale des flamants roses survolant les chevaux blancs des gardians de taureaux, la Camargue, vaste comme treize fois Paris, est en grand danger. « Environ 70 % du delta se trouve à moins de 1 mètre au-dessus de la mer », souligne le biologiste Jean Jalbert[19], directeur général du Centre de recherche de la Tour du Valat installé à Sambuc au cœur de la réserve naturelle régionale.

Menaces sur le Vieux-Nice

Or, le delta du Rhône affrontera d'ici à la fin du siècle des murs d'eau s'élevant jusqu'à 1,8 mètre au-dessus des niveaux actuels[20]. Dans le scénario « moyen 2100 », plus de 90 % des Saintes-Maries-de-la-Mer, des étangs du Grau-du-Roi, de la Petite Camargue, du golfe de Beauduc, de Salin-de-Giraud et des plages au sud de la digue à la mer seront inondés. Au total, les deux tiers de la Camargue seront noyés sous les eaux.

En Provence-Alpes-Côte d'Azur, « 200 000 habitants et 130 000 emplois sont potentiellement concernés par le risque de submersion[21] ». Particulièrement exposés, les quartiers du Prado et du parc Borély à Marseille, la côte varoise entre Hyères et Giens, le golfe de Saint-Tropez, Fréjus et la rade de Saint-Raphaël[22], Cannes, Cagnes-sur-Mer et Antibes[23].

À la fin du siècle, les submersions marines inonderont le Vieux-Nice « plusieurs fois par décennie[24] » et mettront en péril son aéroport. En Corse, la marina d'Aléria, Ghisonaccia, le lido de la Marana et le secteur d'Anghione sont les plus sensibles[25].

Bien réel, le risque de submersion des côtes aura des conséquences humaines et un coût considérable chiffré par les assureurs entre 3 et 4 milliards d'euros. D'ici à la fin du siècle, plus de 350 kilomètres d'autoroutes et près de 2 000 kilomètres de voies ferrées risquent la submersion. Pour faire face à ce péril, la réglementation a été durcie après la tempête Xynthia. Elle rend les zones les plus exposées inconstructibles ou oblige les propriétaires à prévoir des zones refuges. Parallèlement, les villes côtières ont entrepris des chantiers gigantesques pour renforcer, voire rehausser, leurs systèmes de défense souvent vieillissants : cordons dunaires, digues, brise-lames, épis, murets, enrochements…

Des solutions coûteuses qui laissent sceptiques de nombreux experts. « Dans les zones à très forts enjeux urbains et économiques, on peut concevoir des ouvrages de protection en dur, mais ils exacerbent les problèmes d'érosion et il y a toujours un risque de franchissement », résume le géographe Stéphane Costa. Et puis, on imagine mal de bétonner les 7 000 kilomètres de côtes à risque.

Une alternative consiste, là où c'est possible, « à casser les digues de première ligne et à les rebâtir à l'intérieur des terres pour recréer des marais littoraux qui permettent de restaurer les écosystèmes et d'atténuer les effets de la submersion marine et de l'érosion côtière », explique Bruno Castelle. Cette stratégie de dépoldérisation est en cours ou à l'étude dans la baie de Somme, la baie d'Authie, l'estuaire de la Gironde, le bassin d'Arcachon ou en Camargue où d'anciennes digues ont déjà été abandonnées et l'eau laissée libre de circuler entre les lagunes intérieures.

Stratégie du repli

Un crève-cœur pour les Camarguais. « Depuis les inondations catastrophiques de 1840 et 1856, ils vivent sur le mythe fondateur que l'endiguement total du delta est la source de leur prospérité. Mais on ne peut plus, affirme Jean Jalbert, penser la Camargue comme un vaste polder à la hollandaise même si je sais que ce message passe mal auprès des Camarguais qui se battent depuis des siècles contre la mer et le Rhône. Cela revient à tuer leurs aïeuls une seconde fois. »

La création de ces zones humides tampons (marais, herbiers marins, prés salés, forêts dunaires, mangroves...), sortes d'amortisseurs naturels du changement climatique, « sur le papier, c'est fantastique, le problème est que cela exige des choix politiques difficiles », admet Bruno Castelle. Quant à la troisième solution face à la montée de la mer, celle du repli stratégique, elle paraît aujourd'hui inenvisageable dans les zones urbaines ou à forts enjeux touristiques.

« L'élévation du niveau de la mer ne nous laissera pas le choix, assure pourtant Stéphane Costa. Il va falloir réorganiser les territoires et se résoudre à déplacer les biens, les activités et les personnes. Je pense notamment aux estuaires qui abritent les ports de Dunkerque, du Havre ou de Nantes qui risquent d'être inondés. Les enjeux sont considérables mais il faut y réfléchir maintenant si l'on veut être prêt dans quinze ou vingt ans. »

Dans un rapport remis en 2018 au Premier ministre[26], la commission spéciale du Conseil national de la transition écologique en charge du pilotage du plan national d'adaptation au changement climatique est sur la même ligne. « La limitation de l'exposition d'enjeux (habitations, entreprises…), existants ou nouveaux, doit, plus que jamais, être une priorité dans le cadre d'aléas croissants », soulignent les auteurs du rapport.

Reste à savoir quel responsable local osera s'engager dans cette voie au risque de désespérer les habitants, de faire fuir les investisseurs et de provoquer la colère de ses électeurs. « C'est toute la difficulté, soupire le géographe. Il y a une inadéquation entre des échéances climatiques qui semblent lointaines et l'horizon politique des élus qui gèrent l'urgence pendant les cinq ou dix ans de leur mandat. » Or, gérer l'urgence, c'est littéralement reculer pour mieux sauter face aux phénomènes de long cours que sont la submersion marine et l'érosion côtière.

11

Le grand recul des côtes

Tout un symbole ! Le 6 mai 2022, un bloc de la pointe du Hoc, dans le Calvados, haut lieu du débarquement du 6 juin 1944, s'effondre dans les eaux de la Manche. Le 2 juin suivant, sur la Côte d'Opale, un pan de falaise à Wimereux, au nord de Boulogne-sur-Mer, emporte dans sa chute un lourd blockhaus allemand qui sert désormais de repère au recul de la côte.

Cinq mois plus tôt, près d'Étretat, la falaise des Tilleuls, vieille de plusieurs millions d'années, avait été ébranlée par un énorme éboulement, le deuxième en deux mois. Sur la côte basque, la falaise d'Erretegia à Bidart, à mi-chemin entre Biarritz et Saint-Jean-de-Luz, s'était écroulée partiellement fin 2020.

On pourrait prolonger la liste. Des falaises de craie ou d'argile défigurées par les chutes de pierres et les glissements de terrain, c'est la manifestation la plus spectaculaire de l'érosion côtière. La houle ronge les falaises, disloquées de l'intérieur par les infiltrations d'eau, le gel et le dégel. Elle lessive les plages et les dunes. Un incessant travail de sape aggravé par les rafales de vent, les fortes pluies et les tempêtes au cours desquelles « les reculs instantanés d'érosion peuvent atteindre plusieurs dizaines de mètres[1] ».

L'aiguille d'Étretat en sursis

« Les falaises meubles et les côtes sableuses sont les plus vulnérables », souligne l'océanographe Bruno Castelle[2], directeur de recherche au CNRS. « À l'érosion côtière s'ajoute le déficit sédimentaire, explique le géographe Stéphane Costa[3], membre expert du GIEC. Depuis une cinquantaine d'années, on a extrait beaucoup du sable déposé sur nos côtes au cours de milliers d'années pour bâtir des logements et des routes. »

Les constructions littorales (ports, barrages, jetées, marinas, épis...), qui font obstacle à l'alimentation en sable des plages, et la baisse du débit des fleuves, qui charrient moins de sédiments vers les rivages, n'arrangent rien. Conséquence : la bande littorale rétrécit à vue d'œil. Au total, 20 % des côtes françaises sont en recul de 0,1 à 8 mètres par an, soit l'équivalent de 4 200 terrains de football perdus en cinquante ans[4].

Le phénomène menace des centaines d'hectares de surfaces agricoles et d'habitations gagnés sur la mer, parfois depuis le Moyen Âge. Il frappe les zones parmi les plus urbanisées et les plus touristiques qui, avant la loi Littoral de 1986, ont vu pousser résidences secondaires « vue sur mer », lotissements, hôtels, marinas et campings.

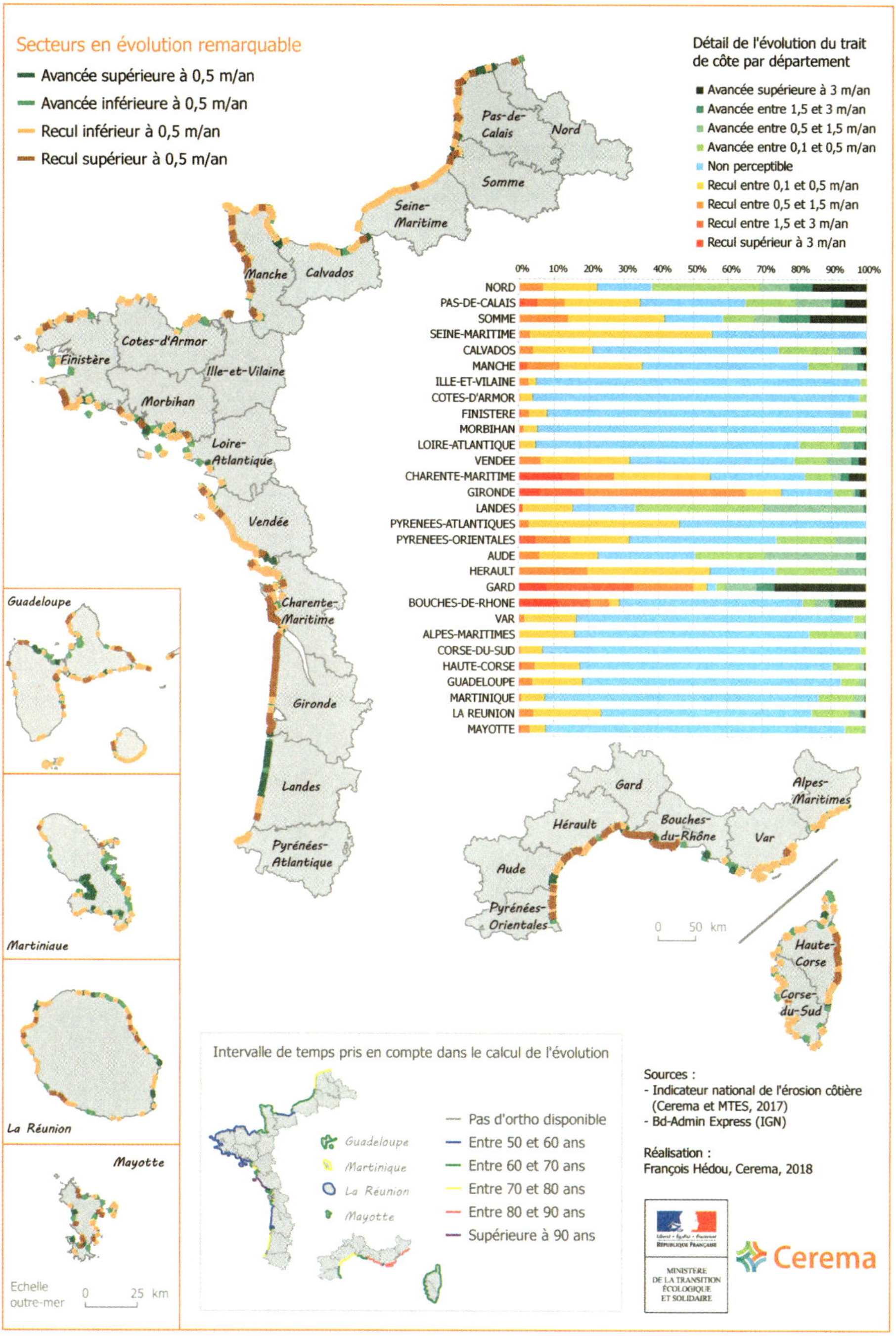

L'érosion grignote le littoral

20 % des côtes françaises reculent actuellement de 10 cm à 8 m par an. D'ici à la fin du siècle, le recul du trait de côte, accéléré par la montée du niveau de la mer, menacera des centaines de communes, de sites naturels et touristiques.

Aucun recoin du littoral n'est épargné. À l'entrée de la baie de Somme, les falaises blanches de la Côte d'Albâtre s'effritent. Sur la Côte d'Opale, la dune de Wissant a reculé de 220 mètres en cinquante ans. Entre Le Havre et Le Tréport, le front de falaises perd 20 à 50 centimètres par an. La Normandie tremble désormais pour son aiguille d'Étretat et devra se résoudre un jour à déplacer l'église historique de Varengeville-sur-Mer, près de Dieppe. Perché sur une falaise, l'édifice du Xe siècle, immortalisé par Claude Monet, est aujourd'hui au bord du précipice.

Si les deux tiers du littoral normand subissent l'érosion, la Bretagne, protégée par ses falaises de granit, est moins vulnérable. Malgré tout, dans le Finistère, 120 kilomètres de côtes sont touchés, par exemple entre Audierne et Bénodet ou à Camaret-sur-Mer ; c'est le cas aussi des falaises entre Saint-Quay-Portrieux et Saint-Brieuc, dans les Côtes-d'Armor, de la baie de Quiberon et des plages d'Arzon à l'entrée du golfe du Morbihan.

Biarritz menacé

En Nouvelle-Aquitaine, les trois quarts des plages sableuses sont concernées. À La Tranche-sur-Mer, la plage a reculé de plusieurs dizaines de mètres, le sud de l'île d'Oléron bat en retraite de 30 mètres par an et le cap Ferret, près d'Arcachon, de 10 mètres par an. L'érosion grignote toute la côte rocheuse jusqu'à la frontière espagnole et menace la célèbre côte des Basques à Biarritz, berceau du surf en France.

En Méditerranée, « c'est dans le Gard, les Bouches-du-Rhône et les Pyrénées-Orientales que l'on trouve les taux d'érosion les plus importants, supérieurs à 3 mètres par an[5] ». Parmi les *hotspots* de l'érosion identifiés par le BRGM[6], figurent Port-Leucate, Port-la-Nouvelle, Valras-Plage, les plages de l'Hérault, la Petite Camargue… Le cordon sableux de la presqu'île de Giens, dans le Var, se bat pour ne pas sombrer comme celui de la plage de la Marana en Corse.

La montée du niveau de la mer va-t-elle encore intensifier l'érosion côtière au point de faire disparaître des centaines de kilomètres de plages de sable ou de galets, d'effondrer des falaises, d'engloutir des baies et des criques ? Les scientifiques restent prudents sur le sujet. Mécanique complexe, le recul du trait de côte résulte en effet de multiples causes.

« Avec une mer plus haute de 1 mètre, l'énergie des vagues, leur déferlement près du rivage et leur temps d'action sur le trait de côte seront de plus en plus importants », soutient pour sa part Stéphane Costa. Dans sa région, les falaises de craie de Dieppe pourraient ainsi reculer deux fois plus vite.

« Sous l'effet des houles, les plages et les dunes vont rouler sur elles-mêmes à l'intérieur des terres, ajoute le géographe. Le rivage reculera au fur et à mesure de l'élévation du niveau de la mer. Les habitations et les activités humaines vont finir par se retrouver très près de la mer, voire carrément les pieds dans l'eau. »

En Occitanie, par exemple, 140 000 logements et 10 000 entreprises seraient menacés par l'érosion côtière et la submersion d'ici à 2100, note un document régional[7] qui s'alarme du sort du « Grau-du-Roi ou La Grande-Motte […]. Leur disparition sous l'effet conjugué de l'érosion côtière et de la submersion marine serait une catastrophe économique[8] ».

Sur la Côte d'Argent en Aquitaine, les plages des stations balnéaires d'Hourtin et de Carcans-Océan « reculent de 1,50 mètre par an depuis des décennies et la tendance ne va pas s'inverser, prévient l'océanographe Bruno Castelle. À cet endroit, le littoral pourrait encore reculer de 50 mètres d'ici à 2050 et d'une centaine de mètres en 2100, c'est tout à fait possible ». À Biscarrosse, station balnéaire emblématique des Landes, l'érosion océanique est si forte qu'elle met en péril les bâtiments surplombant la plage.

Expropriations

À l'échelle du pays, si la mer monte de 1 mètre d'ici à 2100, cela « aura des conséquences majeures pour l'érosion des littoraux meubles et la submersion marine des zones basses », confirme l'Observatoire national sur les effets du réchauffement climatique (ONERC)[9]. Dans la pire hypothèse, signale de son côté le Cerema (Centre d'études et d'expertise sur les risques, l'environnement, la mobilité et l'aménagement), plus de 41 000 logements[10] d'une valeur de 7 milliards d'euros seraient rayés de la carte en métropole à la fin du siècle rien que par le recul du trait de côte.

Pour bien mesurer l'enjeu à la fois humain et économique, il faut savoir que 140 000 personnes[11] vivent actuellement à moins de 250 mètres d'une côte en érosion et que la population littorale va continuer de grossir. D'ici à 2050, la Bretagne devrait gagner 650 000 habitants et la Nouvelle-Aquitaine abriter 1 million de personnes supplémentaires.

Le climat accélère le recul des côtes

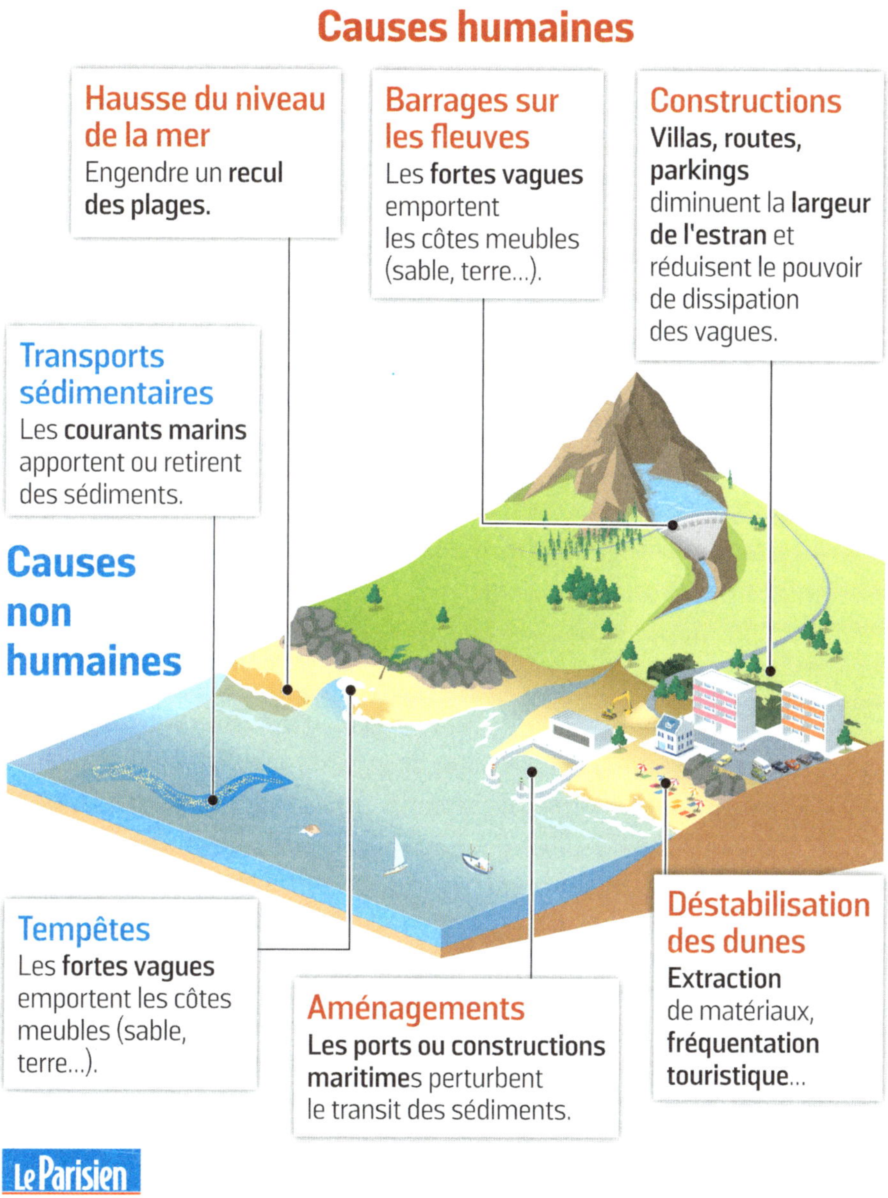

L'érosion est causée à la fois par des processus naturels (action des vagues, vent, gel-dégel, tempête) et l'action humaine (dénudation des sols, construction faisant obstacle à l'écoulement sédimentaire). En intensifiant le travail de sape de la houle et des tempêtes, le changement climatique accélère le recul des côtes.

Dans la loi Climat et résilience votée en 2021, l'État s'est donc résolu à prendre le taureau par les cornes. La loi prévoit notamment l'expropriation des biens menacés dans trente ans. Dans une ordonnance publiée en avril 2022, 126 communes de métropole et d'outre-mer, volontaires pour figurer sur la liste dans l'espoir d'être accompagnées par l'État, sont désignées comme prioritaires face aux risques d'érosion.

Dieppe, Quiberon, La Tranche-sur-Mer, Arcachon, Mimizan, Collioure, Cassis… de nombreuses destinations touristiques bien connues des Français figurent sur cette liste, dont plus de la moitié se concentrent en Bretagne et en Nouvelle-Aquitaine. Ces 126 communes devront prendre des mesures de gestion du recul du trait de côte et, en particulier, cartographier et rendre inconstructibles les zones en péril dans trente ans et cent ans.

Un premier pas timide. Ces 126 communes ne sont que la pointe émergée de l'iceberg, un millier étant exposées au risque d'érosion. Et, pour protéger leurs administrés, les élus locaux comptent encore largement sur des ouvrages de défense vieux parfois de deux ou trois siècles. Une stratégie quasi militaire de résistance à la mer qui a conduit à hérisser le littoral métropolitain de 2 840 kilomètres de digues, perrés, murs de roches, talus en béton, épis, brise-lames…

« Faux sentiment de sécurité »

Ces ouvrages « en dur », consolidés pour beaucoup après la catastrophe de la tempête Xynthia en 2010, ont « contribué à instaurer un faux sentiment de sécurité », notent les conseils économiques et sociaux de l'Atlantique[12]. Qui déplorent l'attitude de certains élus locaux, lesquels rechignent encore à communiquer sur les risques littoraux dont la « connotation péjorative » est « préjudiciable à la commune ».

L'essentiel est souvent de préserver l'activité touristique et l'appétit des investisseurs pour les zones littorales. D'où la grande vogue dans les années 1960-1970 et jusqu'à ces dernières années des digues ou des enrochements, derrière lesquels peuvent fleurir les programmes immobiliers « les pieds dans l'eau ». Mais ces ouvrages « en dur » concentrent aujourd'hui les critiques unanimes des experts.

Ils « ne constituent pas un remède efficace à long terme contre l'érosion, voire accélèrent le phénomène », tranche le ministère de l'Écologie[13]. Les perrés, les brise-lames, les digues provoquent un affaissement des plages en pied d'ouvrage et reportent l'érosion plus loin. Solution à courte vue, ils ne font en réalité qu'aggraver ou déplacer le problème.

« Depuis la création au XIXe de la digue qui protège les Saintes-Maries-de-la-Mer, le littoral a tenu juste derrière l'ouvrage mais il a reculé de 1,5 kilomètre de part et d'autre du village qui forme maintenant une sorte de pointe », illustre Jean Jalbert[14], directeur du centre de recherche sur la protection des zones humides en Méditerranée de la Tour du Valat. À ce rythme, les Saintes-Maries pourraient prendre demain des allures de Mont-Saint-Michel camarguais entouré d'eau et accessible par une route sur pilotis.

« Outre le fait qu'ils exacerbent les problèmes d'érosion, et parfois de franchissement par paquets de mer avec le risque de ruine prématurée des maçonneries, les ouvrages artificiels de défense font disparaître la plage, qui est l'élément attractif des territoires touristiques du littoral », affirme le géographe Stéphane Costa.

Logique de Shadok

Plutôt que de bétonner les côtes pour juguler l'érosion, d'autres solutions sont donc privilégiées. L'une d'entre elles consiste à recharger plages et dunes en sable ou en galets. Une logique de Shadok. Des norias de camions déversent plusieurs mois par an leur chargement sur les plages picardes de Fort-Mahon et de Cayeux-sur-Mer. Même traitement sur les plages landaises de Biscarrosse et de Capbreton.

Autre technique, la pose de ganivelles, ces palissades en bois qui retiennent le sable des cordons de dunes. Le système, précédé par le déplacement de la route littorale et complété par des tubes anti-vagues déposés en mer à 450 mètres du rivage, a permis de sauver le lido de Marseillan, près de Sète. En général, le dispositif est renforcé par des filets brise-vent ou des plantations (oyat, chiendent des sables, arbousier…) dont les racines contribueront à stabiliser la dune.

Ce type de solutions fondées sur la nature est défendu par l'Union internationale pour la conservation de la nature (UICN). « Dunes, marais côtiers, estuaires ou encore mangroves constituent des espaces tampons [qui] fixent et stockent le sable permettant de réduire l'érosion côtière et les mouvements dunaires », plaide le comité français de l'UICN[15].

Remparts contre la submersion marine, les vents et l'érosion marine, ces zones naturelles redonnent vie aux écosystèmes sableux, à des zones humides, réservoirs de biodiversité, et coûtent moins cher à la collectivité que les ouvrages en dur. La philosophie, difficile à accepter pour les habitants et les élus, consiste à arrêter de se battre contre la mer pour vivre avec les risques.

Des zones tampons naturelles ont ainsi vu le jour à Saint-Brévin-les-Pins où la dune sableuse a été reconstituée entre l'estuaire de la Loire et le marais de la Giguenais. En Occitanie, la dune, les prés salés et les forêts du lido du Petit et du Grand Travers, entre Carnon et La Grande-Motte, ont été restaurés pour freiner l'érosion de cette plage très fréquentée par les Montpellierains.

Lido de sable

Dans le delta du Rhône, la vieille digue qui protégeait les marais des anciens salins de Camargue a été abandonnée pour laisser l'eau de mer circuler librement entre les lagunes. « À l'arrière des brèches de la digue, un lido de sable s'est reformé qui constitue un rempart naturel contre la mer. C'est une solution écologique plus pertinente que l'endiguement », s'enthousiasme Jean Jalbert, directeur de la Tour du Valat.

Dans les zones urbanisées et les lieux touristiques du littoral, une dernière option, peut-être inévitable à terme mais douloureuse à mettre en place pour les riverains, s'offre aux élus locaux : la délocalisation des habitations et des activités économiques (hôtels, campings, centres de loisirs, villages de vacances…) loin des rivages touchés par les risques de submersion et l'érosion.

« Dans les zones où les enjeux sont très importants, il est encore imaginable de bâtir ou de renforcer les protections en dur, concède Stéphane Costa, spécialiste des risques littoraux. Mais cela doit s'accompagner d'un discours clair. Ces ouvrages sont là pour nous laisser le temps d'organiser le repli. » Face au recul inéluctable de la côte, il faudra se résoudre à partir ou à se replier à l'intérieur des terres.

Presque à l'extrémité de la pointe de Grave dans le Médoc, les habitants de l'immeuble *Le Signal*, forcés de quitter les lieux en 2014, ont été, bien malgré eux, précurseurs. Lorsqu'ils ont acheté leur appartement dans les années 1970, l'océan était à 200 mètres de leurs fenêtres. Un demi-siècle plus tard, l'immense barre de béton a les pieds dans l'eau.

Au-delà de cet immeuble symbole, qui doit être démantelé en 2023, cinq villes sélectionnées par le ministère de l'Écologie servent depuis une dizaine d'années de sites-pilotes à cette stratégie de relocalisation, dont trois rien qu'en Nouvelle-Aquitaine : La Teste-de-Buch dans le bassin d'Arcachon, Labenne, près d'Hossegor, et Lacanau où une étude du GIP littoral* a montré que 1 200 logements, dont plus de 90 % de résidences secondaires, et 110 commerces sont situés dans la zone rouge du périmètre de vulnérabilité.

* Groupement d'intérêt public qui rassemble l'État et l'ensemble des collectivités locales de Nouvelle-Aquitaine concernées.

À Ault, au nord du Tréport, la municipalité a acheté un terrain sur les hauteurs du village pour reloger une centaine d'habitants dont les logements risquent à terme d'être engloutis par la mer. L'opération, modeste en apparence, est, en réalité, « singulièrement complexe » pour un petit bourg normand, note Stéphane Buchou, auteur d'un rapport sur l'avenir du littoral[16]. Non loin de là, Biscarrosse envisage aussi, à terme, de délocaliser la route du bord de mer et les bars, restaurants et campings qui bordent la plage.

« Il ne suffit pas de démolir et de reconstruire, mais de repenser totalement un tissu urbain, tout en préservant l'attrait touristique du front de mer », explique le député de Vendée. Cela suppose de maintenir temporairement en zone rouge des commerces dont le départ mettrait en péril l'équilibre financier de l'opération et l'attractivité de la ville. Sans compter la difficulté à convaincre les habitants de plier bagage et de quitter des maisons dont les prix ont explosé ces dernières années.

L'exemple d'Ault souligne l'ampleur du problème. Inscrite dès 2012 dans la « stratégie nationale de gestion intégrée du trait de côte », la solution du « repli stratégique » se heurte toujours, une décennie plus tard, à « de nombreux freins techniques, juridiques, économiques ou financiers[17] ». À Vias, près de Béziers dans l'Hérault, commune frappée de plein fouet par le recul du trait de côte, la tentative de délocaliser des campings a été stoppée net faute d'un cadre juridique clair.

Dérogations à la loi Littoral

Votée en juillet 2021, la loi Climat et résilience a voulu rectifier le tir. Elle fixe les règles d'évaluation de la valeur des biens expropriables, invente un nouveau type de bail résiliable en fonction du recul du trait de côte et prévoit des dérogations à la loi Littoral autorisant une commune à délocaliser. Mesure controversée. « Je ne suis pas sûr que le remède ne soit pas pire que le mal », s'alarme Stéphane Buchou[18].

Au-delà des écueils techniques, juridiques et financiers, le recul stratégique face à la mer bute sur un double obstacle politique. Imaginons que la solidarité nationale soit mobilisée par le biais de l'impôt ou d'un relèvement des primes d'assurance pour financer un fonds catastrophe naturelle (le fonds Barnier ne prend pas en charge les expropriations liées à l'érosion), cela poserait un incontestable problème d'équité. « Comment exiger d'un ménage modeste qui n'a même pas les moyens de partir en vacances sur le littoral qu'il participe au financement des résidences secondaires situées en bord de mer de riches propriétaires[19] ? », s'interroge le *think tank* La Fabrique écologique.

Le second obstacle tient à la résistance des populations locales. Un rapport de la chambre régionale des comptes[20] explique notamment l'échec du projet de délocalisation des biens situés sur la côte ouest de Vias dans l'Hérault par « l'attachement des habitants » à leur coin de plage, leur conviction qu'ils ont « le temps de profiter de leur terrain encore quelques années ou dizaines d'années » et leur refus du relogement « en habitat collectif » prévu par la commune.

Alors que le recul du trait de côte est une menace sérieuse pour les zones littorales, le même scénario risque de se reproduire ailleurs. Rien ne semble devoir ralentir la quête effrénée des Français pour les maisons en bord de mer. « C'est la raison pour laquelle les élus littoraux se disent qu'il faut tenir jusqu'en 2050, que l'on verra bien après si les scientifiques se sont trompés », se désole Stéphane Costa. Entre déni de réalité et fatalisme, de nombreux élus jouent la montre.

Quant aux Français, ils sont bien partis pour attendre le dernier moment avant de reculer face à l'implacable avancée de la mer. Durement frappés par le changement climatique, les agriculteurs, eux, n'ont plus le choix. S'ils ne veulent pas périr, il leur faut d'urgence repenser la « ferme France » du sol au plafond.

12

Alerte rouge sur la « ferme France »

Concours général du plus beau taureau, dégustation de spécialités régionales, défilé de responsables politiques et visiteurs qui se pressent dans les allées… Le 5 mars 2023, la 58e édition du Salon de l'agriculture a fermé ses portes à Paris. Presque comme si de rien n'était. Pourtant, la « ferme France » est en danger.

Trésor national avec ses terroirs et ses produits d'exception, l'agriculture française, la première en Europe, est un colosse aux pieds d'argile. Fragilisée par la chute des prix agricoles et la fluctuation des cours mondiaux, minée par la concurrence internationale et le mal-être des paysans qui n'arrivent plus à joindre les deux bouts, elle fait face désormais à un péril mortel.

Habitués depuis des siècles à composer avec les aléas de la météo, les agriculteurs sont désemparés par les assauts de la crise climatique. « Depuis six ou sept ans, on ne vit plus une année sans catastrophe climatique. Cela devient une question de survie », s'alarme Olivier Dauger[1], agriculteur dans l'Aisne, référent Climat à la Fédération nationale des syndicats d'exploitants agricoles (FNSEA).

Une question de survie ? « On a peur de voir l'agriculture dépérir au point qu'on ne puisse plus rien cultiver », confirme Nathalie Soboul[2], présidente des Jeunes agriculteurs de l'Ardèche. Les aléas climatiques sont tels, dit-elle, que « si on ne fait rien pour protéger l'agriculture, à l'avenir, il n'y aura plus rien. On mangera des cailloux ».

Une question de survie donc, car les calamités s'enchaînent à un rythme frénétique : les bourgeons sortis trop tôt après un hiver trop clément sont ravagés par les gels tardifs, les cultures dévastées par des orages de grêle ou les pluies diluviennes, les champs brûlés par les canicules précoces, les récoltes et les vendanges grillées sur pied par les vagues de chaleur estivales.

L'an dernier, une interminable sécheresse a durement frappé les régions céréalières de la Beauce et de Picardie, les arbres fruitiers de la vallée du Rhône, les vignes du Midi. Certes, l'accumulation de CO_2 dans l'atmosphère favorise la photosynthèse, donc la croissance des plantes, et la montée du mercure pourrait couvrir demain la Bretagne de vignes. Mais ces bienfaits ne sont rien au regard des ravages du réchauffement.

« Stress thermique et hydrique »

Dans un rapport[3] publié en 2020, les experts des ministères de l'Écologie et de l'Agriculture en ont dressé l'inventaire. Les rendements sont de plus en plus affectés par le déficit en eau, le « stress thermique et hydrique » des cultures et des animaux, l'assèchement des prairies et des sols et la prolifération des parasites, des champignons ou des nuisibles de toutes sortes.

« Le frelon asiatique, la chenille processionnaire, les rongeurs comme les rats taupiers, les pucerons, les mouches vectrices de maladies se propagent, liste Olivier Dauger. Des teignes qu'on ne connaissait pas s'attaquent aux betteraves. Et si les oiseaux migrateurs restent plus longtemps parce qu'il fait plus chaud, ils risquent davantage de transmettre aux élevages les virus de la peste aviaire et de la peste porcine. »

Pour compléter ce tableau déprimant, la déferlante d'épisodes climatiques extrêmes « déclenchera des chocs sur les marchés » mondiaux et une envolée de « la volatilité des prix » répercutés aux agriculteurs français, met en garde le rapport rendu en 2020 au gouvernement. En clair, la crise climatique se doublera d'une crise alimentaire si les denrées agricoles des pays exportateurs sont détruites par des canicules, des sécheresses ou des inondations.

Problème : « Nous importons la moitié de ce que nous mangeons, souligne l'économiste Bruno Parmentier[4], spécialiste des questions agricoles. La France est déficitaire en maïs, en oléagineux et notamment en soja importé du Brésil et d'Argentine. Et puis, dit-il, il aura fallu la guerre en Ukraine pour découvrir que l'huile de tournesol que nous consommons vient de là-bas. »

Même effet papillon avec la moutarde. Quelques mois après la destruction des récoltes de graines au Canada par le dôme de chaleur de l'été 2021, le condiment a presque disparu des rayons de nos supermarchés. Le prix du café s'est envolé après des récoltes au Brésil ravagées par des pluies extrêmes ;

la sécheresse en Inde et, plus récemment, les inondations dramatiques au Pakistan ont fait flamber la facture du riz qui pourrait venir à manquer.

Modèle à bout de souffle

« Il n'y aura pas forcément une généralisation de pénuries mais la crise climatique va modifier la géopolitique de l'alimentation, anticipe Serge Zaka[5], agroclimatologue à la société ITK. Il faut dès maintenant faire évoluer nos productions pour aller vers une agriculture plus résiliente et éviter à l'avenir de nous retrouver dépendants. »

Une menace de plus sur un modèle à bout de souffle dont les agriculteurs mesurent tous les jours la fragilité. « À cause du manque d'eau et des chaleurs, les rendements du blé dans le Sud-Ouest, des pois et protéagineux, du maïs, très gourmand en eau en été, et des prairies fourragères, qui servent à nourrir le bétail, sont en baisse, énumère Serge Zaka. Dans les vignes, les raisins sont plus concentrés en sucre. Le risque est de produire des vins trop forts en alcool. »

Pour les experts missionnés par les ministères de l'Écologie et de l'Agriculture, la leçon à tirer est évidente. « Sur la période 2020 à 2050, les effets du changement climatique seront déjà forts mais ils seront vraisemblablement beaucoup plus importants sur la période qui suivra, renforçant la nécessité d'engager dès à présent la transformation de notre agriculture […] pour lui permettre sa préparation aux chocs à venir[6]. »

Ils appellent à une deuxième révolution agricole après la « révolution verte » des Trente Glorieuses qui a donné naissance à une agriculture intensive dopée aux pesticides, dont la mission première était de nourrir les Français. Une agriculture industrielle pointée du doigt aujourd'hui, accusée de polluer, de détruire les sols et d'aggraver la crise climatique.

Avec le méthane dégagé par les vaches et le protoxyde d'azote émanant des engrais, le secteur est le deuxième émetteur de gaz à effet de serre derrière les transports. À la fois coupable et victime de la crise climatique, il est sommé de se réinventer pour garantir notre indépendance alimentaire, si possible avec des produits sains, réduire de moitié son empreinte carbone d'ici à 2050 et s'adapter au choc climatique.

L'eau, premier défi

Mission impossible ? Pas forcément, mais la route est semée d'embûches. Premier défi : l'agriculture, qui engloutit 45 % de l'eau disponible et 80 % en été, devra faire face à la raréfaction de la ressource. « Avec le réchauffement, prévient l'hydrogéologue Florence Habets, directrice de recherche au CNRS, les sécheresses seront plus longues et plus sévères. Il risque de ne plus y avoir à l'avenir assez d'eau pour tous les usages, à commencer par l'agriculture. »

Afin de s'adapter au réchauffement et de prévenir les futurs conflits d'usage, les agriculteurs ont tout intérêt à être moins gourmands en eau. Déjà, si la baisse enclenchée de notre consommation de viande se poursuit, les surfaces cultivées pour nourrir le bétail et les rations d'eau avalées par les troupeaux vont diminuer. Loin d'être anecdotique, quand on sait qu'une vache peut boire l'été 100 litres par jour ou qu'il faut 5 000 litres d'eau pour produire un kilo de viande de porc.

Douloureuse pour les éleveurs, la tendance de fond n'est pas près de s'inverser. « D'ici à 2050, notre consommation de viande va encore reculer de 20 % à 30 %, estime Bruno Parmentier. On élèvera moins de vaches et uniquement à l'herbe, alors qu'aujourd'hui on les nourrit avec du soja et du maïs d'importation. »

Pour adapter les cultures à la nouvelle donne climatique, il existe, par ailleurs, une foule de solutions techniques : modifier le calendrier des semis, réduire les labours et couvrir les champs de végétaux afin de préserver la richesse organique des sols, stocker le carbone et retenir les eaux de pluie, privilégier des variétés plus précoces ou plus résistantes aux sécheresses et aux canicules…

« Peu de plantes résistent à des températures de plus de 40 °C, convient Olivier Dauger. Si on se retrouve avec un climat de type Afrique du Nord dans le sud du pays et de type Andalousie dans le Sud-Ouest, il faut regarder dès maintenant ce qui pousse à 500 ou 1 000 kilomètres au sud de chez nous pour avoir une idée de ce que l'on doit planter. »

Le maïs, trop avide d'eau, devra être remplacé par du millet ou du sorgho tandis que le blé dur, allergique à la chaleur, migrera vers le nord du pays où l'on cultivera plus de fruits rouges. De même, « les abricotiers et les pêchers de la Drôme vont remonter vers la Bretagne ou la Normandie où le climat restera plus clément et les risques de gel moins élevés », annonce Olivier Dauger.

Pour le blé tendre, la céréale la plus cultivée au pays de la baguette, « on regarde des variétés locales plus rustiques et des semences anciennes, comme le blé Poulard, plus adaptées aux nouvelles conditions pédoclimatiques », confie Frédéric Wallet[7], chercheur à l'INRAE.

OGM, le mot qui fâche

Autre piste : diversifier et mélanger les plantations. À côté des grandes cultures céréalières, « les légumineuses, comme les pois, les fèves et les haricots, sont intéressantes parce qu'elles sont moins gourmandes en eau et fixent l'azote dans le sol, indique Frédéric Wallet. Planter sur une même parcelle du blé et des lentilles par exemple permet ainsi de réduire la consommation d'eau et les pertes d'azote ». Les deux permettent de limiter les engrais chimiques.

La recherche agronomique porte également sur la sélection variétale. « On procède au phénotypage des variétés, le décryptage de leur ADN, pour sélectionner les plus adaptées à la chaleur et au manque d'eau, explique Frédéric Wallet. Pour le blé, l'orge ou le riz, on les croise avec des variétés des pays chauds. Il s'agit d'un travail sur les gènes mais pas forcément d'OGM », précise-t-il.

OGM, le mot qui fâche en France où ils sont interdits depuis 2008. À la FNSEA, Olivier Dauger défend, lui,

En 2050, moins de vaches et de maïs, plus de légumes et de soja

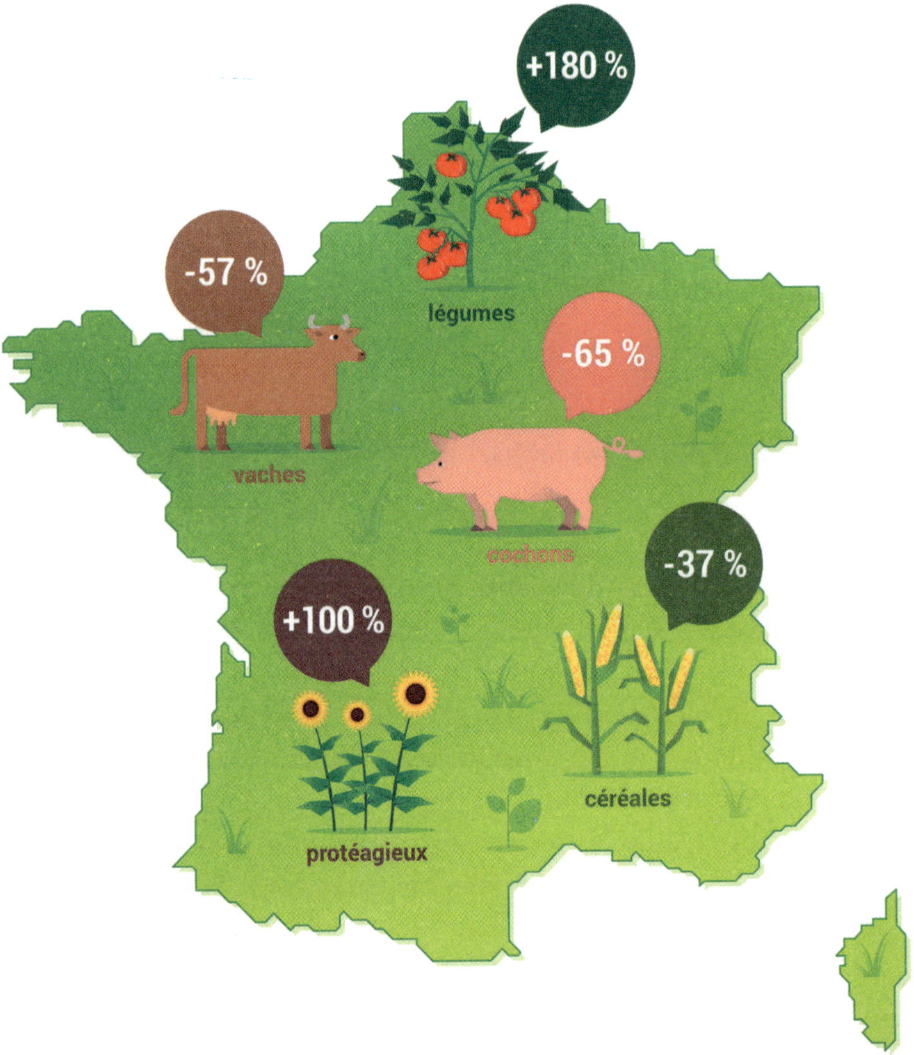

Pour s'adapter au changement climatique et aux nouvelles habitudes alimentaires, l'agriculture devra réduire l'élevage intensif de bovins, gros émetteur de gaz à effet de serre, et la culture du maïs, trop gourmand en eau. Les projections du WWF anticipent un doublement des cultures de protéagineux et de légumes.

les nouvelles technologies génomiques. « Les NBT*, inventées par des Français, ne sont pas différentes de la sélection naturelle mais elles accélèrent le mouvement. » L'édition génomique permettrait, selon ses partisans, d'obtenir des variétés capables de résister à la soif ou aux nouvelles maladies beaucoup plus vite que par les croisements classiques.

L'idée fait son chemin. Partisan d'avancer dans cette voie, Bruno Parmentier voit néanmoins deux lignes rouges à ne pas dépasser, le clonage génétique et le franchissement de la barrière des espèces. « Injecter des cellules de poisson dans des fraises pour qu'elles résistent au gel, c'est de la folie. En revanche, marier deux races de pommes de terre pour rendre une nouvelle variété moins sensible à la chaleur ne pose aucun problème éthique. »

Recyclage de l'eau

L'office parlementaire d'évaluation des choix scientifiques et technologiques a rendu en juin 2021 un avis[8] favorable à l'expérimentation en plein champ des plantes génomiques

* *New breeding technologies*. Le terme recouvre des nouvelles technologies de sélection génétique des plantes. Elles s'appuient notamment sur l'outil moléculaire de modification de l'ADN, le CRISPR/Cas9, utilisé en thérapie génique, dont l'invention a valu aux chercheuses Emmanuelle Charpentier et Jennifer Doudna le prix Nobel de chimie en 2020. Bloquées par la directive européenne sur les OGM, les NBT ne recourent pas à l'injection de génomes étrangers, contrairement aux OGM qui mélangent les gènes de deux espèces différentes pour obtenir un organisme transgénique.

et appelé le gouvernement à sortir du flou juridique autour de ces semences fabriquées en laboratoire. Mais, outre l'hostilité des anti-OGM, ce type d'innovation se heurte à un problème d'acceptation sociale.

En attendant que la manipulation génomique vienne au secours de l'agriculture, il reste la question polémique du partage de l'eau. « Si on ne fait rien, on aura un tiers d'eau disponible en moins », avertit Olivier Dauger. Avec le risque de faire une croix sur une partie de la production française de blé, d'orge, de maïs, de vin et de fruits.

Le recyclage des eaux usées pour des usages agricoles serait une réponse coûteuse mais de bon sens. « En Israël, ils réutilisent 90 % des eaux usées, souligne le responsable de la FNSEA. Chez nous, elles sont rejetées dans les rivières et les fleuves à la sortie de la station d'épuration alors qu'on pourrait les utiliser pour le maraîchage en ville par exemple. »

Dans son plan climat, le gouvernement encourage l'irrigation « de résilience ». L'objectif est d'économiser l'eau par différents moyens : systèmes d'irrigation au goutte-à-goutte, arrosage de précision grâce à des sondes mesurant l'humidité des sols, partage de bassins hydroélectriques, restauration de zones humides, techniques agroécologiques de rétention d'eau…

Le vrai point de blocage vient des nouvelles retenues de stockage de l'eau. « Il faut 1 tonne d'eau pour produire 1 kilo de céréales, rappelle Bruno Charpentier. Le maïs en a besoin en été quand il n'y a plus d'eau à pomper dans les rivières. Il faut des mares et des bassines pour stocker les pluies d'hiver de façon à réutiliser l'eau en saison chaude, mais ce n'est pas très populaire. »

De la mobilisation contre le barrage de Sivens dans le Tarn, au cours de laquelle un jeune militant écologiste, Rémi Fraisse, avait été tué en 2014, aux manifestations récentes contre les projets de « mégabassines » dans les Deux-Sèvres, le conflit est incessant. Et les positions paraissent irréconciliables entre nécessité d'irriguer d'un côté, défense des milieux naturels et accusations d'accaparer l'eau, de l'autre.

Fuite en avant

Dans le bassin d'Adour-Garonne, le plus touché par le manque d'eau, « le stockage de l'eau ne mène à rien, tranche Florence Habets. Avec les sécheresses de longue durée, on ne pourra plus recharger les nappes. À force de vouloir stocker l'eau et de contrôler les débits, on détruit les milieux naturels. On joue aux apprentis sorciers avec la biodiversité en essayant à toute force de préserver les activités agricoles ».

La présence des agriculteurs dans les comités de bassins, les dérogations préfectorales aux interdictions d'irriguer en période de sécheresse, le manque de moyens donnés à la police de l'eau alimentent les soupçons sur le poids du lobby agricole dans le partage de la ressource. Le « Varenne de l'eau », organisé par le gouvernement en 2021, a renforcé la crainte d'une fuite en avant menant le monde agricole dans l'impasse.

Le Varenne a donné « l'impression de vouloir préparer le terrain pour une relance de l'irrigation, redoute Sylvain Barone[9], spécialiste de la gestion de l'eau à l'INRAE. Ce modèle de culture conduit pourtant les exploitants à une plus grande dépendance vis-à-vis de la ressource hydrique.

C'est d'autant plus étonnant que ces dernières années avaient été plutôt marquées par l'idée d'aller vers plus d'agroécologie […] de sobriété ».

Derrière les batailles autour de l'irrigation, ce sont en réalité deux conceptions de l'agriculture du futur qui s'opposent : adeptes du système actuel revu et corrigé, contre partisans de la révolution agroécologique.

« L'ampleur du changement climatique […] ne sera pas compatible avec de simples adaptations des modèles agricoles actuels mais imposera à l'agriculture une évolution en profondeur […] vers l'agroécologie », proclame ainsi le rapport[10] d'experts remis en juillet 2020 au gouvernement.

L'idée est de basculer vers « une agriculture écologique », résume Christian Couturier[11], directeur du cabinet d'études associatif Solagro. « Dans notre trajectoire Afterres2050, on supprime l'élevage intensif de vaches, de porcs, de volailles en cages et on passe à des systèmes extensifs de cultures céréalières avec une division par dix de l'utilisation des produits phytosanitaires. »

Visions antagonistes

Pas question toutefois de faire table rase. « On conserve les élevages sur prairies, de montagne et toutes les productions sous label de qualité », précise Christian Couturier. D'ici à 2050, le but est de réduire de 60 % l'empreinte carbone de l'agriculture et de transformer le métier d'agriculteur. De simples producteurs, ils deviendraient les « protecteurs de milieux, des paysages, de la ressource en eau, de la qualité de vie et de notre alimentation ».

L'Iddri* et le bureau d'études pour la gestion de l'environnement sont persuadés qu'il ne s'agit pas d'une douce utopie. Une agriculture 100 % agroécologique, sans engrais ni pesticides de synthèse, « pourrait nourrir durablement 530 millions d'Européens[12] », écrit Pierre-Marie Aubert, enseignant à Sciences Po Paris et AgroParisTech, coordonnateur du projet TYFA (*Ten Years for Agroecology in Europe*) à l'Iddri.

Dans son rapport d'orientation 2020[13], la FNSEA met en garde contre les « visions simplistes et dogmatiques » des promoteurs de la transition agroécologique. Les prospectives de Solagro ou de l'Iddri « sont irréalistes et déconnectées de la réalité économique », tacle le premier syndicat agricole de France pour lequel « ces scénarios ont très peu de chances de voir le jour ».

On a affaire à deux visions antagonistes. Rien de commun entre une agriculture tournée vers la protection de la nature, autosuffisante, locale, qui tire un trait sur les importations, et une agriculture de production, axée sur la compétitivité, le revenu des agriculteurs et le commerce international. La philosophie de la FNSEA est claire : « Faisons de la lutte contre le changement climatique une opportunité économique pour les agriculteurs. »

* L'Institut du développement durable et des relations internationales a été créé en 2001 par Laurence Tubiana. Directrice de la Fondation européenne pour le climat, ex-ambassadrice chargée des négociations sur le changement climatique, elle a été l'une des chevilles ouvrières de l'accord de Paris sur le climat signé en 2015 par l'Union européenne et 192 pays.

Souveraineté alimentaire

Qui tranchera entre ces deux visions ? Échaudé par les conséquences de la guerre en Ukraine sur le prix des produits alimentaires, le gouvernement défend une agriculture vertueuse sur le plan écologique mais capable de nourrir les Français au meilleur prix et d'assurer notre souveraineté alimentaire. C'est le « en même temps » macronien appliqué à l'agriculture.

Dans ce débat de société, les citoyens auront également leur mot à dire. La menace climatique sera-t-elle suffisante pour les amener à modifier en profondeur leurs habitudes de consommation et la façon dont ils se nourrissent, quitte à payer plus cher une alimentation issue d'une agriculture repeinte en vert ? De la réponse à cette interrogation dépendra le visage futur de la « ferme France ».

13

Révolution dans nos assiettes

Nous sommes le 1er janvier 2050, la France n'a pas le cœur à la fête. Il faut dire qu'elle franchit le cap du demi-siècle dans un monde bouleversé par le désordre climatique. Le sujet obsède Adam. Angoissé par l'imminence d'une catastrophe écologique, ce Parisien de 40 ans, père d'une petite fille, s'est fixé pour règle de vie de ne plus jamais rien faire portant atteinte à la planète. Une règle qui détermine ses moindres faits et gestes jusqu'à la façon de se nourrir.

À l'instar de 90 % des Français, Adam n'achète plus que des aliments inoffensifs pour l'environnement et sans additifs. Connecté à la 8G, il prend soin de le vérifier sur son appli avant de se faire livrer ses courses par un drone zéro émission. Locavore militant, il privilégie les fruits et légumes de saison venus des micro-fermes et des maraîchers bio qui ont poussé comme des champignons en région parisienne. Il a banni de sa liste les produits importés de l'autre bout du monde. Leur bilan carbone est effroyable et, lourdement taxés, ils sont de toute façon hors de prix.

Comme tous ses amis, Adam est flexitarien*. Même si l'addition reste salée, il s'autorise une fois par mois un steak de bœuf *in vitro*. Pour le lait, il sponsorise une vache, Mirabelle, que sa fille adore. Avec des aromates du potager partagé installé sur le toit de son immeuble, il cuisine lui-même le flan de courgettes qu'il lui servira au dîner. Adam est un adepte du fait main mais, en voyage, il s'offre dans le TGV des plats imprimés en 3D par les start-up de la FoodPrint. Sa recette préférée ? Les tagliatelles au kale.

Adam, sa fillette et la vache Mirabelle sont des personnages fictifs qui sortent tout droit d'un scénario[1] échafaudé par la société de conseil en innovation Alcimed qui aide les groupes agroalimentaires à anticiper ce que sera notre alimentation future. « Nous sommes partis de l'idée que la prise de conscience environnementale aura un impact énorme sur les choix des consommateurs », explique Mathieu Dublanchy[2], chef du pôle agroalimentaire.

* Le flexitarien privilégie les légumes frais, les protéines d'origine végétale et les fruits. Il consomme les produits laitiers avec modération et ne mange de la viande ou du poisson qu'en petites quantités et pas tous les jours. Ce régime est moins strict que le régime végétarien sans le moindre gramme de viande, et du régime végétalien qui bannit les produits d'origine animale (viande, poisson, œufs, fromage, etc.).

Contrepied de la malbouffe

À partir de là, Alcimed a tiré le fil des comportements alimentaires qui pourraient s'imposer à l'horizon 2050. « Notre scénario prend le contrepied de la malbouffe, résume Mathieu Dublanchy. Une large partie des Français sera devenue végane, les produits ultra-transformés laisseront place au bio, au local, aux aliments naturels dont l'origine sera traçable grâce à la technologie de la blockchain. » Une vision un brin idyllique de la conversion à une alimentation naturelle assaisonnée d'un zeste de haute technologie.

Les consultants d'Alcimed ne sont ni scientifiques ni nutritionnistes, mais leur scénario surfe sur l'avis général des experts. Si l'on veut que l'alimentation, qui représente un quart de l'empreinte carbone des foyers français, préserve à l'avenir à la fois notre santé et la planète, il faudra manger moins, moins gras, moins sucré et s'approvisionner localement auprès de paysans respectueux de l'environnement. Nous en sommes loin.

« Nos rayons de supermarchés débordent de sodas, de biscuits, de pains de mie, de nuggets bourrés d'agents de sapidité, de colorants et de calories vides, se désole le nutritionniste Christian Rémésy[3], inventeur du concept de nutriécologie[4]. Ce type d'alimentation provient, en amont, d'une agriculture intensive dont le coût écologique est exorbitant et provoque, en aval, des épidémies de diabète, d'obésité et de maladies métaboliques. »

« Génération frugale »

Les chiffres sont sans appel. « En France, environ 30 % des adultes consomment trop de sucre, 63 % trop de charcuterie riche notamment en graisses saturées, 79 % trop de sel... », énumère l'épidémiologiste de l'Inserm Mathilde Touvier[5]. Pour inverser la vapeur, la pile de rapports scientifiques indiquant la marche à suivre est impressionnante.

Dernier en date, l'exercice de prospective[6], piloté notamment par le CNRS et l'INRAE et auquel ont participé huit centres de recherche français. L'étude présente « cinq visions de l'alimentation en France » pour aller « vers la neutralité carbone en 2050 ». Le scénario baptisé « Génération frugale » est le plus volontariste.

Dans ce scénario, « le choc de la crise écologie subie a [...] fait émerger [...] en 2050 de nouveaux régimes alimentaires ». Pour l'essentiel de la population, les repas sont à base de produits bruts, de saison, peu transformés, les produits importés ont laissé place aux produits cultivés en France. Le jus de pomme a remplacé le jus d'orange, la consommation de café, de cacao et de fruits tropicaux a chuté...

Dans cette France convertie à la frugalité alimentaire, « la consommation moyenne individuelle de viande est divisée par trois, celle de lait d'origine animale par 1,4. Les produits laitiers d'origine animale sont remplacés par des substituts végétaux. L'alimentation comprend ainsi une part plus importante de céréales, de légumineuses et de produits à base de soja qui procurent des protéines bon marché et faciles à stocker et à conserver ».

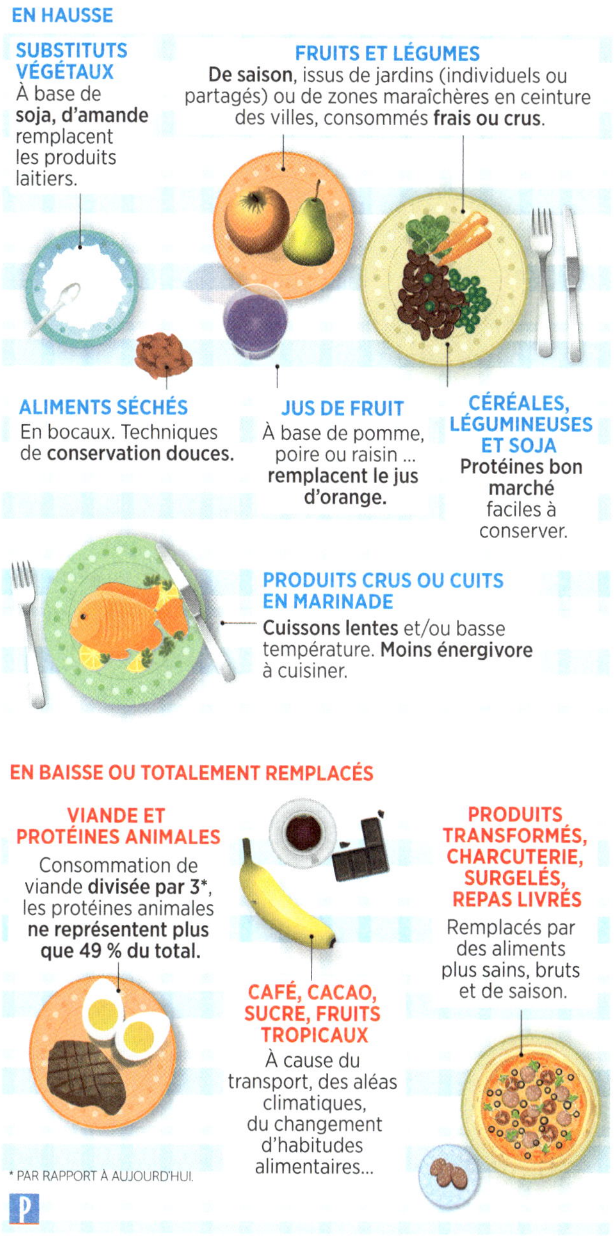

Que mangerons-nous en 2050 ?

Pour une alimentation à la fois saine et qui réduise notre empreinte carbone, les scientifiques et les nutritionnistes préconisent un régime qui remplace les protéines animales par des protéines végétales et privilégie les aliments bruts, non transformés et produits localement. Le scénario « Génération frugale » présenté ici a été mis au point notamment par le CRNS et l'INRAE.

Résultat : la surconsommation en calories a été divisée par trois, l'obésité a reculé et 90 % des Français suivent un régime équilibré sur le plan nutritionnel. Bref, moins de protéines animales et plus de légumes. C'est la clé d'une alimentation saine et durable au bilan carbone irréprochable.

On retrouve peu ou prou la même recette dans le rapport publié en 2019 à la demande de la revue médicale *The Lancet* et de la fondation EAT par une équipe internationale de trente-sept chercheurs de renom. Originalité de leurs travaux ? Pour la première fois, ils ont conçu ce qu'ils ont appelé un « régime alimentaire planétaire[7] » capable en 2050 d'apporter à 10 milliards d'habitants une alimentation saine et fondée sur un système agricole durable.

Deux fois moins de viande

Leur solution universelle tient en une phrase. D'ici à une trentaine d'années, « la consommation mondiale de fruits, légumes, noix et légumineuses devra doubler et la consommation d'aliments tels que la viande rouge et le sucre être réduite de plus de 50 % », résume le nutritionniste Walter Willett, de l'université de Harvard, coprésident de la commission EAT-Lancet.

Bien entendu, ce « régime planétaire » ne pourra s'appliquer partout de la même façon du Texas au Sahel, mais il fixe le cadre. La portion journalière de 1 300 grammes par adulte est composée en majorité de graines complètes, de tubercules, de légumes et de fruits (780 g), d'un peu de produits laitiers (250 g), de lentilles, pois, noix et haricots secs (125 g), d'un soupçon de protéines animales (80 g) – poisson, œufs, volaille et viande –, et d'une pincée de graisses (50 g) et de sucre (30 g).

Attention, la ration quotidienne à ne pas dépasser est de 2 500 kilocalories. Les Français, qui engloutissent 3 502 kcal par jour*, devront se serrer la ceinture. Mais que les amateurs de poulet rôti ou du mythique steak-frites se rassurent, « pas la peine d'être végétarien, affirme Christian Rémésy, il faudra simplement suivre un régime à base de végétaux, pauvre en protéines animales ».

L'ancien directeur de recherche de l'INRAE défend le bon vieux régime crétois : crudités arrosées d'huile d'olive, salade de fèves, de patates douces, de quinoa, de courgettes et de tomates, fruits secs… De la volaille ou du poisson une à deux fois par semaine. Pour le pain, oubliez la baguette – un aliment médiocre sur le plan nutritionnel, tacle Christian Rémésy – et remplacez-la par un pain au levain riche en graines.

« Le régime crétois comporte trop de poissons, or la ressource halieutique risque de s'effondrer. Il faut donc une diminution forte de la consommation de poisson », soutient au contraire Christian Couturier[8], directeur de Solagro. Avec des scientifiques et des agriculteurs, le bureau d'études associatif a mitonné le scénario Afterres2050[9]. Partis des besoins alimentaires de la population, ils les ont croisés avec la production disponible en agriculture bio et raisonnée en 2050 pour élaborer leur modèle nutritionnel.

* Selon le bilan alimentaire 2018 de l'Organisation des Nations unies pour l'agriculture et l'alimentation (FAO).

Le principe de base d'Afterres2050, qui mêle impératifs nutritionnels, de santé publique et environnementaux, « est de réduire notre consommation en protéines et en calories », énonce Christian Couturier. Un régime allégé avec une division par trois de la surconsommation et par deux du gaspillage alimentaire. Il faut dire que chaque Français jette actuellement à la poubelle 30 kilos d'aliments par an[10].

Flexitariens

Autre priorité, « il faut diminuer tous les aliments trop gras, trop sucrés et trop salés », ajoute le directeur de Solagro. L'assiette d'Afterres2050 est plus riche en céréales, fruits, légumes, fruits à coque (noix, amandes) et contient deux fois moins de lait et de viande.

La tendance est déjà amorcée. « Depuis l'an 2000, notre consommation de viande, qui avait triplé au cours du XXe siècle, a chuté de 20 % et je pense qu'elle va encore baisser de 20 % d'ici à 2050 », affirme Bruno Parmentier[11], spécialiste des questions agricoles. En prolongeant la courbe des tendances actuelles jusqu'au milieu du siècle, WWF estime que 53 % des Français seront flexitariens, 24 % végétariens et 14 % végétaliens. De quoi réduire l'empreinte carbone de notre alimentation de moitié.

Point notable à ce sujet du scénario Afterres2050, aucun aliment n'est proscrit. Les plaisirs de la table sont saufs. « On s'interdit de supprimer le moindre aliment, les gens pourront continuer à boire du whisky et à manger du foie gras », insiste Christian Couturier.

« Dans notre scénario, souligne-t-il, une minorité devient végétarienne, la majorité des gens continueront à manger de la viande pour consommer des nutriments que l'on ne trouve pas dans les végétaux, car il est difficile de parvenir à un régime équilibré lorsque l'on est un végétarien strict. Simplement, les quantités de viande seront réduites. Tout est une question de dosage. »

Aux deux tiers d'origine animale et un tiers d'origine végétale actuellement, les proportions sont inversées dans le régime Afterres2050. Attention, prévient Christian Couturier, à ne pas mettre la charrue avant les bœufs. « Ce n'est qu'à partir du moment où l'on aura diminué par deux notre consommation de protéines animales que l'on pourra se poser la question de la substitution par des protéines végétales. »

Chou kale et baies de goji

Au lait de vache pourront alors succéder les laits végétaux à l'avoine ou au soja, et les richesses protéiques de la viande, du poisson et des œufs seront compensées par l'arrivée dans nos assiettes de nouveaux venus. En tête de gondole de cette *novel food*, déjà en vogue chez les végans, toute une gamme d'aliments aux pouvoirs nutritionnels XXL.

Spiruline, version star de l'algue, nutriment complet, antioxydant, riche en fibres ; chou kale, baies de goji vantées pour leurs vertus médicinales ; jackfruit, fruit tropical bourré de vitamines, de minéraux et d'oligoéléments, pouvant être servi cru ou cuit, sucré ou salé, qui imite à la perfection le porc effiloché qui garnit les tacos et les bo buns.

Les substituts plus vrais que nature à la viande devraient aider les accros au rôti de bœuf à décrocher. Commercialement, il s'agit surtout de faire saliver tous ceux qui veulent réduire leur consommation carnée, pour des raisons éthiques, écologiques ou médicales, à condition de continuer à savourer des produits qui ont le goût et la consistance de la viande.

Copie du produit phare des fast-foods, le burger végétal, à base de protéines de blé, de pois ou de tofu arrosé de jus de betterave, a déjà fait une jolie percée. Le groupe KFC a lancé un sandwich garni d'un pané à base de protéines de champignons, McDo une galette de légumes enrichie d'œufs et de fromage et le burger veggie a obtenu ses lettres de noblesse avec une recette signée du chef étoilé Alain Ducasse.

« Gageons que les viandes factices, dont l'invention remonte à une dizaine de siècles en Chine et qui sont en plein essor notamment aux États-Unis et en Europe, occuperont une place de plus en plus importante », prédit Florence Burgat[12], philosophe et directrice de recherche à l'INRAE. Dans la foulée, les pâtés végétaux imiteront le goût et la texture du poulet, du porc, des œufs, des poissons et des crustacés.

Cette tendance végé n'est pas du goût de tous. « Les steaks végétaux sont une escroquerie, une nouvelle façon d'industrialiser inutilement l'alimentation », râle Christian

Rémésy. « Pour compenser l'absence de viande, les burgers végans ne contiennent pas que des végétaux mais un tas d'ingrédients tels que des additifs, des gélifiants, des agents de texture et des exhausteurs de goût », s'inquiète de son côté Frédéric Wallet[13], chercheur à l'INRAE.

Troisième ingrédient *a priori* peu ragoûtant des menus de demain : les insectes. Déjà couramment consommés en Afrique, en Asie ou en Amérique latine, les grillons, les criquets et les sauterelles présentent un intérêt majeur. « Leur taux protéique est supérieur à celui de la viande pour un impact environnemental inférieur, s'enthousiasme Frédéric Wallet[14]. En 2050, on devrait les déguster en sauce, en plats préparés, en biscuits et même en boissons protéinées. »

Viande de synthèse

Plus appétissants mais aussi beaucoup plus controversés, les ersatz de viande cultivés en laboratoire à partir de cellules souches, mis au point en 2013 aux Pays-Bas, pourraient néanmoins s'inviter à l'avenir sur nos tables. Depuis, des centaines d'entreprises à travers le monde se sont engouffrées dans le créneau potentiellement juteux de la viande de synthèse. La formule chimique s'est étendue aux nuggets de poulet, au thon rouge et même au foie gras, séduisant au passage de riches investisseurs comme Bill Gates, Richard Branson ou Leonardo DiCaprio.

Censée permettre de satisfaire l'appétit des carnivores sans tuer d'animaux, ni infliger les mêmes dégâts écologiques que l'élevage intensif, la viande artificielle souffre d'une foule de handicaps : réticences des amateurs de « vraie » viande, résistance culturelle au nom des traditions culinaires, risques sanitaires et technologiques, liés notamment à l'utilisation d'hormones de croissance, freins réglementaires, doutes sur ses qualités nutritionnelles, bilan carbone en demi-teinte…

Food tech

La viande de synthèse n'est donc probablement pas la recette magique dont rêvent les apprentis sorciers de la *food tech*. « C'est une formidable avancée intellectuelle, admet Bruno Parmentier, mais je suis persuadé que ses débouchés resteront marginaux parce qu'elle représente le summum de l'artificialisation de l'alimentation. Les Français refusent de manger des OGM, alors cela m'étonnerait qu'ils se précipitent sur de la viande produite en laboratoire par des savants fous. »

Quand bien même finirait-elle par être acceptée, la viande artificielle devrait rester longtemps un luxe. Le premier steak *in vitro* avait coûté 250 000 €. Dix ans plus tard, la facture est descendue, au mieux, à 20 000 € le kilo selon le cabinet conseil néerlandais CE Delft. Dans ces conditions, « le scénario du remplacement de la viande naturelle n'a que peu de chances d'advenir. On peut cependant envisager un positionnement de niche avec des produits marketés en direction de jeunes consommateurs technophiles[15] », anticipe une étude du ministère de l'Agriculture.

Régime flexitarien, montée en puissance des alternatives végétales au bœuf, au poulet, au lait et aux œufs, émergence des aliments aux superpouvoirs nutritionnels, des insectes, des burgers végans, percée peut-être de la viande *in vitro*… on commence à deviner à quoi ressemblera notre assiette en 2050. Reste une interrogation : l'ensemble de la population pourra-t-il bénéficier des bienfaits de la révolution alimentaire qui nous attend ?

« La part de l'alimentation dans le budget des ménages a baissé d'un tiers depuis les années 1960, rappelle l'économiste Frédéric Wallet. C'est d'ailleurs l'un des grands acquis de l'agro-industrie d'avoir permis à la population d'accéder à des produits variés à des coûts abordables. Mais nous sommes arrivés à un plancher. »

« Ségrégation alimentaire »

Problème : « Les nouvelles conditions de production agricole vont renchérir le coût de la nourriture, et la part de l'alimentation dans les dépenses des foyers va augmenter. Cela risque de déboucher sur une forme de ségrégation alimentaire, s'inquiète Frédéric Wallet. Les hauts revenus s'offriront une alimentation durable et de qualité tandis que les plus modestes devront se contenter d'une alimentation industrielle préfabriquée de piètre qualité nutritionnelle. Entre les deux, nous aurons une population qui fera le choix de végétaliser son alimentation, d'acheter bio ou de consommer les légumes du jardin. On observe déjà la coexistence de ces différentes tribus alimentaires et on peut penser qu'elle va perdurer. »

Réchauffement climatique ou pas, la malbouffe aurait donc dans les quartiers populaires de beaux jours devant elle.

14

La Bretagne, futur eldorado du vin

Les crus prestigieux de Saint-Émilion et du haut Médoc résisteront-ils au changement climatique ? En 2050, les vignes de Bandol, des coteaux d'Aix, les blancs d'Alsace et les rouges de Cahors survivront-ils à un air surchauffé ? Imagine-t-on la France privée des vins de Pommard ou de château Margaux qui font sa réputation depuis plus de trois siècles ?

Questions évidemment cruciales dans un pays où le vin fait partie intégrante du patrimoine national. Dès 2013, une réponse stupéfiante est venue des États-Unis. Cette année-là, la revue de l'Académie américaine des sciences publie une étude[1] signée du biologiste Lee Hannah, spécialiste du climat à l'université de Californie, et de huit autres chercheurs américains, chiliens et chinois. Tous prédisent un bouleversement majeur de la viticulture mondiale à l'horizon du milieu du siècle.

Dans le scénario d'un réchauffement de la planète de + 2 °C à + 2,5 °C dans trente ans, « les surfaces adaptées à la viticulture diminueront de 25 % à 73 % dans les principales régions productrices de vin d'ici à 2050 », annoncent les universitaires. En France, plus de la moitié des vignobles de Bordeaux aux rives du Rhône et des monts du Beaujolais à la plaine d'Alsace pourraient être tout bonnement rayés de la carte. Piètre consolation, le chianti italien, le rioja espagnol connaîtraient le même sort.

Parmi les principales victimes, le Bordelais, le plus connu et le plus vaste des vignobles de France, assoiffé par une hausse des températures de 5 °C à 10 °C d'ici à la fin du siècle, étoufferait l'été sous un dôme de chaleur impitoyable pour les terroirs du Médoc et de Pomerol. Le cabernet sauvignon et le merlot, cépages stars de ces appellations, vulnérables aux coups de chaud, rendraient alors rapidement l'âme.

Électrochoc

Controversée, l'étude américaine provoque malgré tout un électrochoc chez les viticulteurs français. Un soleil plus généreux, bénéfique au raisin, était jusqu'ici considéré comme un don du ciel dans le Bordelais, le Val de Loire ou le Beaujolais. Désormais, les vignerons s'interrogent : et si la montée inexorable du mercure, gage aujourd'hui de millésimes exceptionnels, leur était, à terme, fatale ?

La disparition d'une large partie du vignoble tricolore serait un cataclysme économique dans un secteur, premier exportateur mondial de vin, qui fait vivre un demi-million de personnes. Elle jetterait aux oubliettes un pan entier de notre identité culturelle. Mettons que Lee Hannah et ses amis ne soient que des prophètes de malheur et écoutons les experts français du vin. Eh bien eux aussi sont formels : nos vignerons doivent se préparer à des années terribles.

Le changement climatique charrie déjà son lot de mauvaises nouvelles. À commencer par l'avancée inquiétante de la date des vendanges. En quarante ans, elles ont gagné en moyenne une vingtaine de jours mais trois semaines en Anjou, à Châteauneuf-du-Pape et presque un mois en Alsace.

Depuis des décennies, la fenêtre de tir idéale des vendanges s'ouvrait à partir de la mi-septembre : jusqu'en 1980, on sortait rarement les sécateurs avant la rentrée des classes. Quarante ans plus tard, on coupe le raisin juste après le 15 août dans le Beaujolais et même fin juillet dans le Gard.

« En Bourgogne, les vendanges de 2020 ont été les plus précoces depuis six cents ans », s'étonne Nathalie Ollat[2], spécialiste de la vigne à l'INRAE. Renommé dans le monde entier, le champagne n'est pas épargné. « Autrefois, être obligé de vendanger en août, cela arrivait une fois tous les cinquante ans. Désormais, les vendanges précoces reviennent tous les trois ans », signale Thierry Desseauve[3], cofondateur avec Michel Bettane du guide des vins Bettane & Desseauve.

Trop forts en alcool

Trompé par des températures trop douces, le cycle végétatif de la vigne s'est déréglé. La plante a perdu le nord, faisant éclore ses bourgeons trop tôt à la sortie de l'hiver. Un coup de gel tardif, désormais quasi systématique, peut leur être fatal. Et, quand elles ont réussi à sortir indemnes à la floraison des orages de grêle dévastateurs et des pluies intenses, qui favorisent les attaques de mildiou, les grappes doivent encore affronter les canicules précoces comme celles de 2022 qui ont pulvérisé les records de chaleur de 2003.

Un événement exceptionnel, resté gravé dans la mémoire des vignerons, risque fort de se répéter à l'avenir. Le 28 juin 2019, le village de Vérargues, au nord de Montpellier, a suffoqué sous une température de 46 °C. Tout bonnement le niveau de mercure le plus élevé relevé depuis 1855. Dans les vignes, la quasi-totalité des raisins de muscat a grillé sur pied en moins d'une heure. C'est l'« effet chalumeau » tant redouté dans les vignobles.

Très spectaculaires, ces épisodes extrêmes, de plus en plus fréquents, mettent en péril les rendements et la survie même de nombreuses exploitations. Un autre danger, bien plus sournois, menace les vignerons. « Avec la hausse des températures, les raisins sont de plus en plus concentrés en sucre, donc plus forts en alcool, et moins acides, explique Nathalie Ollat. Or, l'équilibre entre la teneur en sucre et l'acidité est essentiel à la qualité des vins. » Autrement dit, l'excès de chaleur produit des vins déséquilibrés, trop alcoolisés, qui manquent de fraîcheur et de souplesse.

« Aujourd'hui, la plupart des vins d'appellation titrent entre 14° et 15° d'alcool. C'était entre 10° et 13° il y a vingt ans. L'évolution est spectaculaire, observe Thierry Desseauve. En châteauneuf-du-pape, les millésimes à moins de 15° sont devenus rares. Le problème est que, à partir de 16°, les levures ont du mal à jouer leur rôle et à éliminer les sucres résiduels. Les équilibres en acidité sont également plus difficiles à obtenir sauf à acidifier artificiellement le moût du raisin, ce qui est contraire à la philosophie des AOC. »

Bouteille à 16°

Aux États-Unis, on apprécie ces vins rouges costauds, charpentés qui ont remplacé le whisky dans les apéritifs entre amis à New York, Los Angeles ou Chicago. Ce n'est pas vraiment le cas en France où le vin accompagne les repas. Qui déboucherait lors d'un dîner une bouteille à 16° qui mettrait ses invités KO au deuxième verre ? Le défi commercial est immense. Une enquête de l'INRAE a montré que les consommateurs se lassent vite de ces vins trop alcoolisés. Plus rafraîchissante, la bière tirera peut-être mieux ses marrons du feu climatique.

Le taux excessif d'alcool n'est pas le seul problème. Les fortes chaleurs risquent aussi d'affecter le potentiel aromatique et la qualité gustative des vins de terroirs. « Avec la chaleur, les raisins mûrissent plus vite et se gorgent en sucre. Si on les vendange alors que les phénols contenus dans la peau du fruit n'ont pas eu le temps d'arriver à maturité, cela donnera des vins au degré d'alcool élevé mais aux tanins âpres, astringents », éclaire Thierry Desseauve.

Que restera-t-il des arômes subtils qui titillent le nez et les papilles des amateurs au moment de la dégustation ? Selon une très sérieuse étude œnologique franco-allemande[4], la chaleur amplifie les arômes et les précurseurs d'arômes, elle accentue les notes végétales de fleurs ou de fruits nées de l'alchimie complexe de centaines de composés volatils à l'œuvre au cours de la maturation du raisin.

Le danger, c'est la surdose. L'analyse d'un millésime 2003 de pomerol, l'année de la grande canicule, a montré une forte concentration dans le vin d'un composé chimique qui a teinté ce bordeaux de nuances prononcées de figue. Avec la répétition d'années caniculaires, les œnologues s'attendent à voir se multiplier les cuvées de rouges aux notes de figue ou de cassis trop mûrs.

La couleur rouge en péril

Ce n'est pas tout. Qui dit climat plus chaud dit sécheresse. Le stress hydrique de la vigne altérera forcément la maturation des raisins et conduira, entre autres méfaits, à une baisse du taux d'anthocyane, pigment naturel qui donne sa couleur rouge aux baies du fruit. Faudra-t-il demain faire une croix sur les robes aux sombres reflets écarlates ou pourpres des assemblages de merlot, de pinot noir ou de syrah ?

Le manque d'eau entraînera aussi une chute de la teneur en thiols volatils. Dommage, car ces molécules soufrées sont à l'origine des arômes de buis, de pamplemousse ou de fruits exotiques si caractéristiques des vins de sauvignon blanc, de chenin, de gewurztraminer, de cabernet sauvignon…

L'immaturité des raisins risque, enfin, de renforcer les relents de kérosène de certains rieslings, d'appauvrir les notes de poivre noir de la syrah et de donner aux vins à base de merlot, de cabernet sauvignon, de sauvignon blanc un goût désagréable de poivron vert.

Bref, « les perspectives de changement climatique risquent d'impacter significativement à la fois les caractéristiques organoleptiques* des vins et leur potentiel de vieillissement », concluent les chercheurs franco-allemands. Bien sûr, la vigne, culture millénaire apportée il y a 2 600 ans en France par des marchands grecs de l'antique cité de Phocée accostant au port de Massalia, a démontré au fil des siècles son extraordinaire capacité d'adaptation. Mais elle doit aujourd'hui affronter un ennemi plus dangereux encore que le phylloxera. Le combat est-il pour autant perdu d'avance ?

« Si on franchit les deux degrés de réchauffement en 2050, il sera difficile de maintenir le potentiel de production dans le sud de la France. Dans tous les cas, il faudra partout des mesures drastiques pour prévenir les dégâts des fortes chaleurs et de la sécheresse », prévient Nathalie Ollat, l'une des coordonnatrices du projet « Laccave » d'adaptation de la vigne au changement climatique piloté depuis 2012 par l'INRAE.

---

* Les caractéristiques organoleptiques se rapportent à tout ce qui est capable d'exciter nos sens. Dans le cas du vin, la couleur de sa robe, ses arômes, son acidité ou son onctuosité sont autant de qualités organoleptiques.

« Tapados » cubains

La contre-offensive se joue d'abord sur le terrain avec, pour commencer, des armes simples comme la pose de filets qui protègent les vignobles à la fois contre la grêle et les canicules. Des ombrières recouvertes éventuellement de panneaux solaires et des « tapados », ces voiles de mousseline protecteurs utilisés dans les plantations de tabac à Cuba, ont également fait leur apparition en France. Et des arbres ont poussé au milieu des rangs de vignes.

De plus en plus de viticulteurs s'inspirent des techniques de l'agroécologie pour protéger leurs vignobles. Ils limitent les engrais chimiques qui tuent les sols à petit feu et ne désherbent plus pour en reconstituer la richesse organique dont se nourrit la plante. D'autres taillent les vignes de façon que les feuilles recouvrent les grappes ou réduisent au contraire le feuillage et, de ce fait, la photosynthèse, espérant retarder la maturation du raisin. D'autres enfin comme sur les terrasses du Larzac ou à Banyuls envisagent de déplacer leurs vignes en hauteur ou sur des parcelles moins ensoleillées.

Tous prient pour qu'en dernier recours, ils soient autorisés demain à arroser leur parcelle avec des systèmes de goutte-à-goutte ou de pulvérisation hyper-économes, voire des eaux recyclées. Mais quand la guerre de l'or bleu fera rage, pas sûr qu'ils pourront, tant la ressource sera devenue précieuse.

Minirobot vendangeur

Autre écueil, dans une France brûlée par le soleil, les saisonniers ne pourront plus couper à la main les raisins par 40 °C ou 45 °C à l'ombre. Ils devront être remplacés par des machines sophistiquées capables de vendanger en une nuit là où il fallait des jours auparavant. Compliqué toutefois pour les machines de se frayer un chemin dans les vignobles escarpés. Dans ce cas, on imagine déjà des minirobots vendangeurs bardés de capteurs couper les grappes expédiées par drones vers les pressoirs.

Solutions agronomiques, solutions techniques, œnologiques aussi au moment de l'étape clé de la fermentation, processus au cours duquel le sucre des raisins se transforme en alcool. Parmi les pistes explorées, des chercheurs de l'INRAE se sont penchés sur des levures à faible rendement en alcool, acidifiantes, et des ingénieurs ont mis au point des techniques de filtration, dérivées de celles de la dessalinisation de l'eau de mer, qui diminuent la teneur en éthanol des moûts de raisin.

Front essentiel de la guerre à outrance qui se prépare, la sélection de cépages plus tardifs, plus résistants à la chaleur et à la sécheresse. « Rien de nouveau sous le soleil, note Thierry Desseauve, ancien patron de *La Revue du vin de France*. Depuis la crise du phylloxera qui a dévasté presque tout le vignoble européen entre 1865 et 1914, on a replanté la vigne française avec des porte-greffes américains et les agronomes ont sans cesse cherché des cépages mieux adaptés. »

Assyrtiko grec

Pour trouver les cépages de pays ensoleillés les plus prometteurs, l'INRAE a une botte secrète. L'Institut de recherche agronomique a planté dans le Bordelais une vigne expérimentale. Nom de code : « parcelle 52 », ainsi nommée parce qu'elle compte 52 cépages rouges et blancs qui pourraient s'acclimater en France lorsque, dans quelques années, il fera aussi chaud à Bordeaux qu'à Madrid ou Séville.

Dans les rangs de la « parcelle 52 » figurent en bonne place le *tempranillo* espagnol, le *sangiovese* italien, le *touriga nacional* portugais et l'*assyrtiko* grec. Cultivé sur l'île de Santorin, ce dernier « donne des blancs cristallins de grande qualité. Qu'il soit un jour introduit en France dans les assemblages me paraît logique, estime Thierry Desseauve. Il deviendra alors un cépage français comme ce fut le cas de la syrah, du grenache, du mourvèdre qui sont à l'origine des cépages étrangers ».

« Nous regardons aussi des cépages chypriotes comme le *xynisteri* qui mûrit tard et résiste aux sécheresses », ajoute Nathalie Ollat. Pour les régions les plus sèches, pourquoi ne pas tester des cépages implantés en Algérie et au Maroc lors de la colonisation ? Autres pistes, la création de nouveaux cépages obtenus par clonage ou par croisement de variétés.

La carte du vignoble bouleversée en 2050

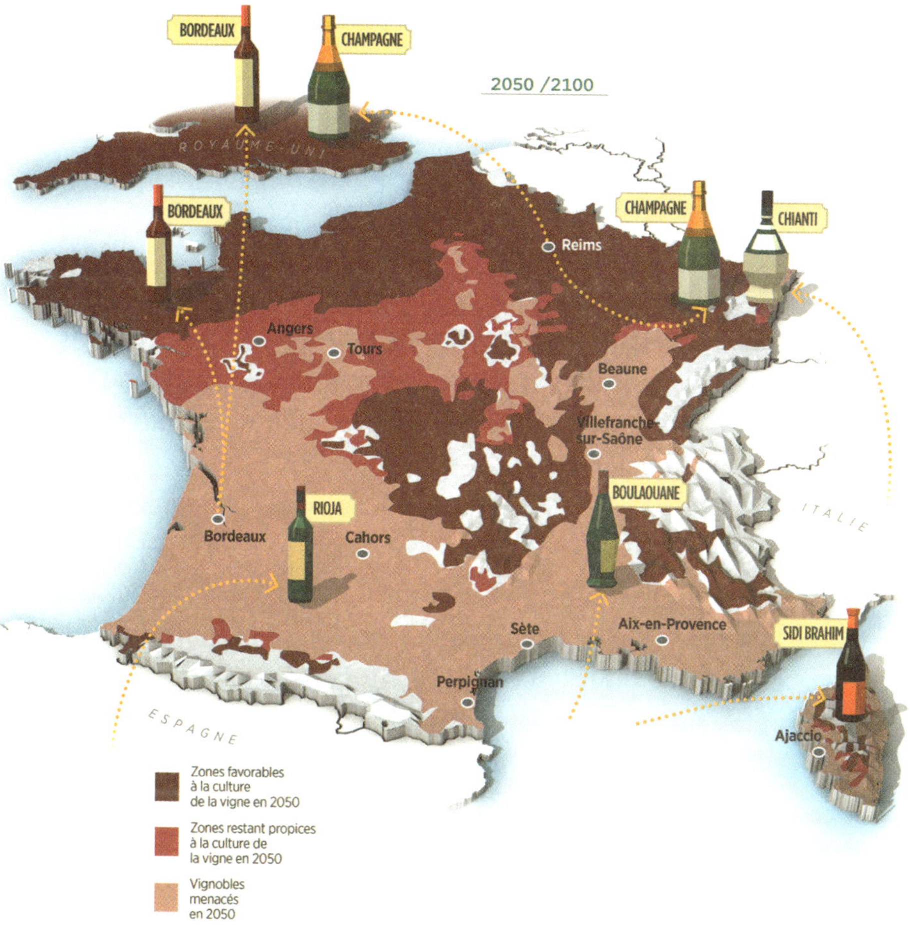

Avec le réchauffement climatique, la culture du raisin va devenir compliquée dans e sud de la France où de nouveaux cépages en provenance de pays chauds feront leur pparition. Dans le nord, la Bretagne ou les Hauts-de-France vont se couvrir de vignes.

Cépages anciens

À côté de ces variétés hybrides, de nombreux vignerons expérimentent des cépages anciens, oubliés, à la maturité tardive, résistants au stress hydrique, certains aussi moins naturellement chargés en alcool. Bref, mieux adaptés à la chaleur et à la sécheresse.

Au rayon de ces cépages anciens, on trouve l'arbanne champenois, le pineau d'aunis en Loire, le gouais blanc en Bourgogne, le tibouren provençal, le terret, le ribeyrenc ou le lledoner pelut en Languedoc, le béquignol, le bouysselet ou le verdanel dans le Sud-Ouest.

Parallèlement à ce retour en grâce des variétés anciennes, remontant parfois au Moyen Âge, les cépages actuels vont mettre le cap au nord. « La culture de la syrah se déplacera en Bourgogne et en Champagne, celle du pinot noir quittera la Bourgogne pour la Lorraine », anticipent Valéry Laramée de Tannenberg et Yves Leers[5]. Et puis, la vigne, les pieds jusqu'ici bien plantés dans ses terroirs historiques, va devoir se lancer à la conquête de nouveaux territoires.

Si l'atmosphère continue à se réchauffer, les Hauts-de-France, la Normandie et la Bretagne seront devenus vers la fin du siècle les futurs eldorados du vin. Selon une carte établie par l'INRAE, le cabernet et le merlot régneront alors en maîtres de Quimper à Dinard, le pinot et le sauvignon dans le Trégor et le Léon tandis que le trio cinsault-grenache-syrah, assemblage typique aujourd'hui du pays d'Oc, quadrillera la région de Lorient à Vannes.

Concurrents belges

À l'autre bout du pays, l'Alsace, réputée pour ses blancs, se convertira au rouge et le chardonnay fleurira dans les anciens bassins miniers du Nord. En Île-de-France, « de jeunes vignerons ont planté des vignes dans la plaine de Versailles. Ils font même du riesling », s'enthousiasme Thierry Desseauve qui ne voit là rien d'étonnant. « Avant 1830, on produisait du vin partout en France. Qu'avec le changement climatique, la Normandie ou la région parisienne redeviennent des terres à vignes n'est pas une révolution fondamentale dans l'histoire longue du vin. » Un simple retour vers le futur, en somme.

S'ils emportent la bataille du climat, il restera aux vignerons français à gagner une autre guerre, commerciale celle-là. Plutôt que leurs éternels concurrents espagnols et italiens, ils devront affronter les producteurs britanniques, belges, hollandais ou polonais. Au sud de Bruxelles, la Wallonie bénéficie du climat qui était celui de la Bourgogne il y a trente ou quarante ans. Conséquence, elle devrait produire plus de 2 millions de bouteilles en 2022, notamment de vins pétillants. Un record !

Et même si la culture de la vigne relève aujourd'hui de la curiosité œnologique à ses latitudes septentrionales, la Scandinavie se prend elle aussi à rêver. À la faveur du réchauffement de la planète, les vins blancs nordiques des bords de la Baltique rêvent de rivaliser demain sur les bonnes tables avec un sancerre, un condrieu ou un chablis.

Conclusion

Comme un sinistre présage. Après une série noire de mégafeux pendant l'été, l'année 2022, la plus chaude jamais enregistrée par Météo France, s'est prolongée en plein automne par une vague inédite de chaleur estivale : + 30 °C à la Toussaint ! Un signe de plus que les saisons se détraquent et que le climat se dérègle sous nos yeux à une vitesse inouïe. Signe aussi que la France est en première ligne sur le front du changement climatique. Au milieu du siècle, elle aura basculé dans l'ère des événements climatiques extrêmes ; elle subira l'alternance des fortes chaleurs et des inondations, des pluies intenses et des sécheresses, des incendies et des orages dévastateurs.

Les modélisations scientifiques du climat futur, sur lesquelles s'appuie ce livre, nous plongent dans un univers hostile où les Français devront affronter les canicules meurtrières, la montée du niveau de la mer, le manque d'eau… On ressort de cette immersion avec cette question lancinante : peut-on encore échapper au scénario du pire ?

Dans un premier temps, malheureusement non. Quoi que nous fassions, l'inertie de la machine climatique est telle que l'élévation désastreuse du mercure va se poursuivre dans les vingt ou trente prochaines années. Et ensuite ? Tout dépendra de notre capacité, individuelle et collective, à corriger au plus vite le tir.

Compte à rebours

Les scientifiques que nous avons interrogés sont unanimes. Il n'est pas trop tard pour éviter que la seconde moitié du siècle ne s'enfonce dans le chaos climatique. Mais le défi à relever est immense pour nos sociétés, y compris la France, encore largement dépendantes du pétrole, du charbon et du gaz, principaux responsables de l'effet de serre.

Si nous voulons échapper au scénario noir du climat, la feuille de route est tracée. Signé en 2015 à la COP21, l'accord historique de Paris vise à contenir à « nettement moins » que + 2 °C et, au mieux, à + 1,5 °C le réchauffement terrestre en 2100. Pour y parvenir, « il faut atteindre le pic des émissions en 2025, ce qui est extrêmement ambitieux, et la neutralité carbone entre 2030 et 2050, souligne le climatologue Serge Planton[1]. Plus le temps passe, moins on a de chances d'y arriver. »

Le compte à rebours est lancé. Dans cette course de vitesse, où chaque tonne de CO_2 économisée et chaque dixième de degré comptent, les pays signataires de l'accord de Paris

Ce qui nous attend à la fin du siècle

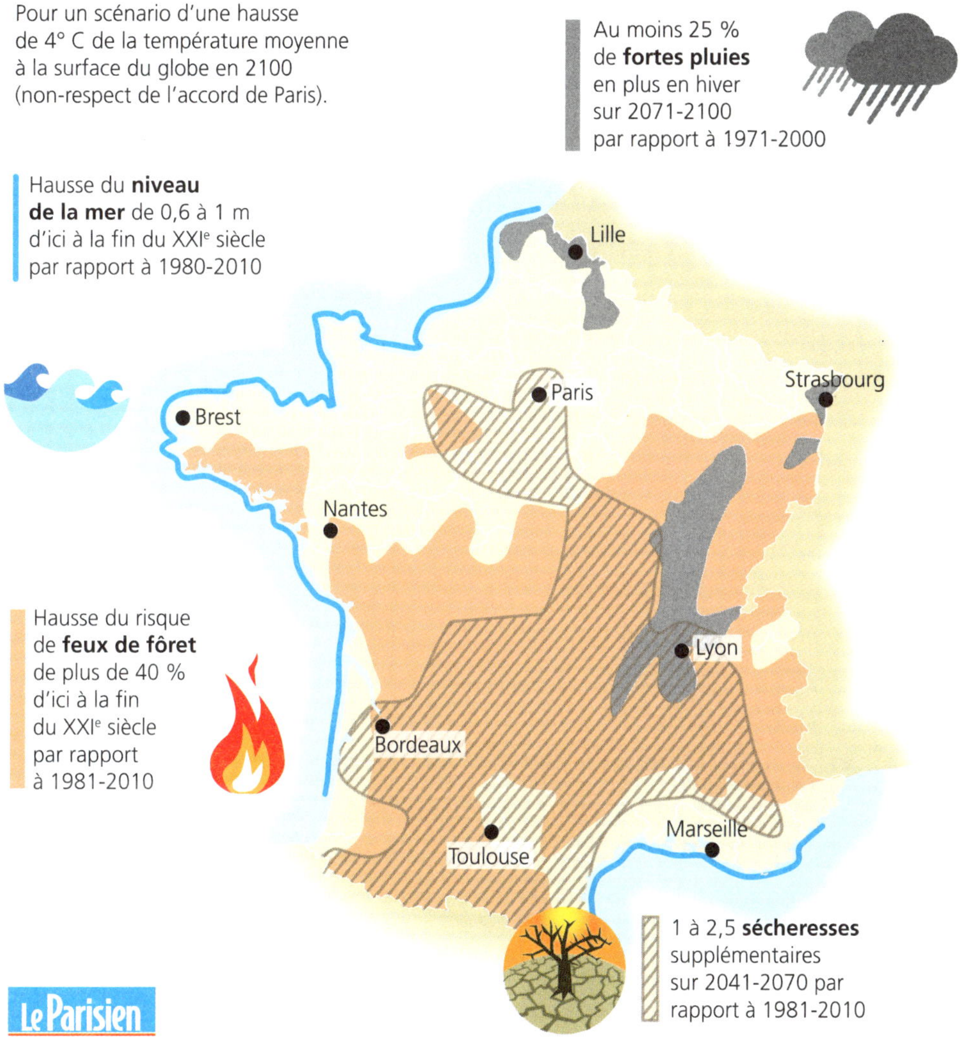

Dans le scénario RCP8.5 le plus pessimiste, le changement climatique fera d'ici 2100 déferler sur la France une série d'événements extrêmes : canicules, sécheresses, mégafeux, inondations… Les glaciers auront disparu dans les Pyrénées et la France se sera rétrécie sous l'effet de l'érosion côtière.

sont à la traîne. À commencer par la France déjà condamnée à deux reprises par la justice pour manquement à ses obligations climatiques.

Le Haut Conseil pour le climat[2] a, lui aussi, jugé « insuffisants » les efforts de la France. Sans un « sursaut climatique », il pointe des « risques majeurs » qu'elle rate en 2030 ses objectifs de réduction des émissions de gaz à effet de serre. Pour revenir dans les clous, il lui faudrait aller deux fois plus vite.

En résumé, il y a du retard à l'allumage. Bien sûr, la France, qui dispose grâce à son parc nucléaire d'un système de production d'électricité aux trois quarts décarboné, n'est pas le plus mauvais élève de la classe. N'a-t-elle pas réduit ses émissions de plus de 20 % depuis 1990 ? Et, de toute façon, nos efforts ne pèseront pas lourd si la Chine et les États-Unis continuent de carburer aux hydrocarbures et de réchauffer la planète. Affirmation souvent rabâchée qui ne peut servir de prétexte à l'inaction même s'il est vrai que notre avenir se joue en grande partie à l'échelon international. Le cadre est connu : il s'agit des fameuses Conférences des parties, les COP dans le jargon de l'ONU, qui réunissent chaque année les pays signataires de la Convention pour le climat ratifiée au sommet de Rio en 1992.

Trente ans plus tard, l'élan de Rio s'est brisé, les grands-messes pour le climat, hormis la COP21, n'ont pas tenu leurs promesses. Après une décrue liée à la pandémie de Covid-19, les émissions mondiales sont reparties à la hausse. « Nous sommes sur l'autoroute vers l'enfer climatique et nous avons toujours le pied sur l'accélérateur », avait lancé le 6 novembre 2022 le secrétaire général de l'ONU à l'ouverture de la COP27 en Égypte. Adepte des phrases-choc, António Guterres avait prévenu qu'un échec de la COP27 équivaudrait à un « suicide collectif ». Une façon de secouer la communauté internationale qui, malgré les alertes répétées des rapports du GIEC, a du mal à passer des paroles aux actes. Les tensions sur le marché de l'énergie, nées de la guerre en Ukraine, ont au contraire provoqué une ruée mondiale sur le pétrole, le charbon et le gaz.

En France, le gouvernement a subventionné la baisse des prix à la pompe et a rouvert une centrale à charbon qu'il était fier d'avoir fermée six mois plus tôt. Tout un symbole ! Si l'on ajoute le retour de l'inflation et la récession économique qui se profile, le risque est grand que la question du climat soit reléguée au second plan.

« Humeur noire »

Est-ce foutu ? On en revient à la question qui, depuis l'apparition de Greta Thunberg sur la scène mondiale, nourrit la révolte des jeunes activistes du climat. « Je crains que l'on ait emballé la machine et je ne vois pas très bien comment on va l'arrêter », s'alarme le président du Muséum d'histoire naturelle Bruno David[3].

Référence au risque d'un affolement irréversible du climat sous l'effet de la fonte des glaces de l'Antarctique et de la libération du méthane enfoui dans le pergélisol, ces terres gelées de Sibérie ou de l'Alaska. Comme la plupart des scientifiques rencontrés pour ce livre, Bruno David oscille entre un pessimisme profond et un fragile optimisme. « Quand je suis d'humeur noire, confie-t-il, je me dis que l'espèce humaine va finir par disparaître. Si mon humeur est gris foncé, je pense que l'humanité va survivre mais qu'il y aura des conflits majeurs pour l'accès aux terres habitables et aux ressources. Quand je suis d'humeur gris clair, j'imagine que l'on réussira enfin à réguler le climat et à vivre en paix avec la nature. »

Qu'est-ce qui pourrait faire pencher la balance d'un côté ou de l'autre ? « Les décisions politiques évidemment, répond Robert Vautard[4], directeur de l'IPSL et coordonnateur de l'un des chapitres du sixième rapport du GIEC. Mais le plus sûr moyen que ces décisions soient prises, c'est que les citoyens fassent pression. Si, collectivement, nous prenons conscience des enjeux climatiques et de la nécessité d'adopter dans notre vie quotidienne des comportements vertueux, cela fera boule de neige au niveau politique. C'est comme cela, espère le climatologue, que nous sortirons du système de surconsommation et de gaspillage pour aller vers une société de la sobriété. »

Modifier en profondeur notre mode de vie et de consommation pour contribuer à sauver la planète ? Un virage à 180° difficile à négocier autant pour les *boomers* que pour leurs enfants. « C'est le paradoxe de la jeune génération, s'étonne Bruno David. Elle est extrêmement mobilisée par la crise climatique sans avoir conscience qu'envoyer cinquante SMS par jour, échanger des images sur TikTok ou visionner des vidéos sur Netflix contribuent au réchauffement de la planète. »

Rien n'est gagné mais tous les sondages montrent que les Français sont prêts en majorité à changer leurs comportements.

Ils sont prêts à soutenir les politiques volontaristes de lutte contre le dérèglement climatique, y compris la hausse de la taxe carbone qui fut à l'origine en 2018 de la poussée de fièvre sociale des Gilets jaunes.

C'est là, au fond, toute la difficulté. « Pour réussir à réduire massivement nos émissions, souligne le physicien du climat Fabio d'Andrea[5], il faudra accepter de diminuer la croissance économique et de baisser notre niveau de vie. Ce prix à payer ne sera socialement acceptable que s'il est équitablement réparti. »

Justice climatique

Sur le plan international, cette idée de justice climatique indissociable du combat climatique, a triomphé à la COP27 avec l'accord de dernière minute trouvé sur la création d'un fonds de solidarité entre le Nord et le Sud. Alimenté par les pays riches, ce fonds devra financer la réparation des dégâts colossaux infligés aux pays pauvres par les catastrophes climatiques. Réclamée depuis trente ans par les pays du Sud, cette avancée vers la justice climatique aurait dû permettre à l'auteur de ces lignes de terminer sur une note d'espoir. Malheureusement, ce petit succès ne suffit pas à masquer le grand échec de la COP de Charm el-Cheikh.

Les quelque deux cents pays présents dans la station balnéaire égyptienne ont certes réaffirmé l'objectif de limiter à + 1,5 °C le réchauffement mais ont échoué à s'entendre sur des objectifs plus ambitieux de réduction des gaz à effet de serre et la sortie programmée des énergies fossiles. Or, on sait que les engagements de l'accord de Paris nous mènent sur une trajectoire désastreuse d'au moins + 2,5 °C à la fin du siècle.

« Notre maison brûle »

La planète est en état d'urgence et les décisions courageuses qu'implique la lutte contre le dérèglement du climat ont été en Égypte une nouvelle fois repoussées à plus tard. On peut hélas redouter que la COP28, qui se tiendra à la fin de l'année dans le cadre luxueux de la pétro-monarchie de Dubaï, ne débouche sur une autre déconvenue.

Vingt ans après le discours de Jacques Chirac au sommet de la Terre de Johannesburg, « notre maison brûle » plus que jamais. Le feu s'est propagé, les flammes ont grandi au point que l'incendie menace à tout moment de devenir incontrôlable et, malgré tout, les pompiers tardent toujours à intervenir.

Glossaire

BRGM. Placé sous la tutelle de trois ministères (Écologie, Recherche, Économie), le Bureau de recherches géologiques et minières est le service géologique national. Il apporte son expertise aux acteurs de la vie publique en matière de géologie du sous-sol, de gestion des ressources en eau, de risques et d'aménagement du territoire, dans le numérique et la transition énergétique. Il emploie plus de 700 ingénieurs et chercheurs.

Cerema. Le Centre d'études et d'expertise sur les risques, l'environnement, la mobilité et l'aménagement est un établissement public placé sous la tutelle du ministère de la Transition écologique. Il apporte aux collectivités locales son appui technique dans le bâtiment, les transports, les infrastructures mais aussi la gestion des risques naturels, des nuisances, des projets d'aménagement des espaces littoraux et fluviaux.

CNRM. Le Centre national de recherches météorologique est à la fois une unité de recherche du CNRS et la « branche » scientifique de Météo France. Se fondant notamment sur les observations satellites, ses travaux ont pour but d'améliorer les prévisions météo et les projections climatiques mais aussi de répondre à des enjeux liés à la qualité de l'air ou aux ressources en eau. Le laboratoire fait aussi le lien entre recherche fondamentale et applications opérationnelles (aéronautique, défense…).

GIEC. Créé en 1988 sous l'égide de l'Organisation météorologique mondiale (OMM) et du Programme des Nations unies pour l'environnement (PNUE), le Groupe intergouvernemental d'experts sur le climat a pour but de livrer un état des lieux régulier du consensus scientifique sur les enjeux climatiques. Ses rapports servent de base aux responsables politiques pour les négociations organisées dans le cadre des conférences de l'ONU sur le climat (les COP). En 2015, la COP 21 a débouché sur l'accord de Paris qui prévoit de limiter le réchauffement à + 1,5 °C par rapport à la période préindustrielle en réduisant de façon drastique les émissions de gaz à effet de serre. En France, des « GIEC » (groupes interdisciplinaires d'experts sur le climat) locaux ont vu le jour. Ils n'ont pas de liens avec le GIEC international.

INRAE. L'Institut national de recherche pour l'agriculture, l'alimentation et l'environnement est né en 2020 de la fusion entre l'INRA (Institut national de la recherche agronomique) et l'IRSTEA (Institut national de recherche en sciences et technologies pour l'environnement et l'agriculture). La nouvelle entité publique regroupe 12 500 chercheurs et techniciens dans 18 centres de recherche spécialisés dans l'adaptation de l'agriculture au changement climatique, la préservation des ressources naturelles et de la biodiversité ou la sécurité alimentaire et nutritionnelle.

Inserm. L'Institut national de la santé et de la recherche médicale, créé en 1964, compte aujourd'hui 5 000 chercheurs, ingénieurs et techniciens ainsi que plus de 5 600 enseignants-chercheurs et enseignants-hospitaliers. Deux chercheurs de l'Inserm ont reçu le prix Nobel de médecine en 1980 et en 2008 pour leurs travaux sur les déficiences immunologiques et la découverte du VIH.

IMBE. Basé principalement à Aix-Marseille, l'Institut méditerranéen de biodiversité et d'écologie marine et continentale compte 250 chercheurs, en majorité des biologistes, spécialisés dans l'écologie marine et continentale. Engagé dans une démarche de transition écologique, l'IMBE met au cœur de ses recherches la conservation et la restauration des écosystèmes ainsi que les effets de leur dégradation sur la santé humaine.

IPBES. La plateforme intergouvernementale scientifique et politique sur la biodiversité et les services écosystémiques a été créée en 2012 pour faire l'interface entre les gouvernements et la communauté scientifique. Placé sous l'égide de l'ONU, l'IPBES regroupe 132 pays. En 2019, il a publié un premier rapport d'évaluation de l'état de la biodiversité dans le monde qui doit servir de base à la mise en œuvre d'une stratégie internationale de préservation des espèces.

Institut Pierre-Simon-Laplace. Fondé en 1991, l'IPSL porte le nom d'un illustre astronome et mathématicien du début du XIXe siècle. Il regroupe en Île-de-France et coordonne les travaux de près de 1 500 chercheurs de huit laboratoires, et deux équipes de chercheurs spécialisés dans les sciences du climat, de l'environnement et de l'observation du système solaire.

La Tour du Valat. Créé en 1954 par Luc Hoffmann, un naturaliste suisse passionné, petit-fils du fondateur des laboratoires Roche, la Tour du Valat est un centre de recherche dédié à la conservation des zones humides en Méditerranée. Implanté au cœur de la Camargue sur un domaine de plus de 2 600 hectares, le centre compte une quarantaine de chercheurs.

Muséum national d'histoire naturelle. En plus des jardins, du zoo, de l'arboretum et de la Grande Galerie de l'évolution, le Muséum est un centre reconnu des sciences de la Terre et du vivant. Près de 600 chercheurs y travaillent sur l'évolution du vivant, ses variétés, les interactions de l'homme avec son environnement et l'impact du changement climatique. Il mène des missions d'expertise en France et à l'étranger pour des acteurs publics ou privés sur les questions d'environnement.

ONERC. Créé en 2001, l'Observatoire national sur les effets du changement climatique est une administration publique rattachée au ministère de la Transition écologique. Il a pour but de collecter et de diffuser les connaissances sur l'évolution du climat et de faire des recommandations aux pouvoirs publics pour en atténuer les effets.

Santé publique France. Créée en 2016, l'agence nationale de santé publique regroupe, sous l'égide du ministère de la Santé, toutes les agences d'urgence et de veille sanitaire. Son rôle est d'étudier l'état de santé de la population, d'anticiper les crises et de lancer les alertes sanitaires. Elle est à la fois un centre d'expertise et de conseil en matière de prévention et d'éducation sanitaires. Elle regroupe plus de 600 fonctionnaires.

UICN. Regroupant des organisations gouvernementales et non gouvernementales, l'Union internationale de conservation de la nature fait référence en matière de défense des espèces et des écosystèmes. Créé en 1992, son comité français regroupe des représentants de deux ministères (Écologie et Affaires étrangères), 13 organismes publics (ONF, INRAE, Muséum d'histoire naturelle, Office français pour la biodiversité...), 47 ONG (WWF, LPO, France Nature Environnement...) et fait travailler plus de 250 experts.

WWA (World Weather Attribution). Lancé en 2014, le WWA a pour but d'étudier le rôle du changement climatique dans les événements météorologiques extrêmes (canicules, sécheresses, inondations...). Les études d'attribution du WWA sont menées en collaboration par les climatologues de plusieurs centres de recherche prestigieux (Imperial College de Londres, Institut Pierre-Simon-Laplace en France, université de Princeton, École polytechnique fédérale de Zurich, etc.).

Notes

Introduction

1. Entretien avec l'auteur le 15 juin 2022.

2. Entretien avec l'auteur le 3 juin 2022.

3. Aurélien Ribes *et al.*, « An updated assessment of past and future warming over France based on a regional observation constraint », *Earth System Dynamics*, vol. 13, n° 4, 4 octobre 2022.

1. Fatales canicules

1. *Risques climatiques : six Français sur dix sont d'ores et déjà concernés*, Commissariat général au développement durable, janvier 2020.

2. Entretien avec l'auteur le 11 mai 2022.

3. Jean-Pierre Besancenot, « Vagues de chaleur et mortalité dans les grandes agglomérations françaises », revue *Environnement, risques & santé*, vol. 1, n° 4, septembre-octobre 2002.

4. Rapport parlementaire n° 1455, tome I, du 25 février 2004.

5. J.-P. Besancenot, « De l'aléa météorologique à la catastrophe sanitaire : la vague de chaleur de l'été 2003 en France », *Historiens et Géographes*, n° 384, 10 novembre 2003.

6. « Un habitant sur sept vit dans un territoire exposé à plus de 20 journées anormalement chaudes par été dans les décennies à venir », *Insee Première*, n° 1918, en partenariat avec Météo France, août 2022.

7. Magali Corso, Mathilde Pascal et Vérène Wagner, « Impacts de la chaleur et du froid sur la mortalité totale en France entre 2000 et 2010 », *Bulletin épidémiologique hebdomadaire*, n° 31, 12 décembre 2017.

8. *L'Environnement en Île-de-France*, Institut Paris Région, édition 2002.

9. « Un habitant sur deux potentiellement exposé à de fortes chaleurs à répétition dans les prochaines années », *Insee Occitanie*, n° 92, février 2020.

10. *Changement climatique et environnemental dans le bassin méditerranéen, situation actuelle et risques pour le futur*, rapport d'évaluation du MedECC (Mediterranean Experts on Climate and Environmental Change), septembre 2022.

11. Entretien avec l'auteur le 27 mai 2022.

12. Z. Chunwu *et al.*, « Carbon dioxide levels this century will alter the protein, micronutrients, and vitamim content of rice grain with potential health conséquences for the poorest rice-dependent countries », *Science Advances*, 23 mai 2018, n° 5, vol. 4.

13. Y. Zhang et A.L. Steiner, « Projected climate-driven changes in pollen emission season length and magnitude over the continental United States », *Nature Communication*, 15 mars 2022.

2. Les moustiques passent à l'attaque !

1. Entretien avec l'auteur le 27 mai 2022.

2. Entretien avec l'auteur le 3 juin 2022.

3. Erik C. Franklin *et al.*, « Over half of known human pathogenic diseases can be aggravated by climate change », *Nature Climate Change*, 8 août 2022.

4. Colin J. Carlson, Gregory F. Albery, Cory Merow *et al.*, « Climate change increases cross-species viral transmission risk », *Nature*, n° 606, p. 555-562, 28 avril 2022.

5. Bruno David, *À l'aube de la sixième extinction*, Paris, Grasset, 2021.

6. Entretien avec l'auteur le 24 juin 2022. Serge Morand est l'auteur de *La Prochaine Peste*, Paris, Fayard, 2016.

7. Entretien avec l'auteur le 22 juin 2022.

8. Olivier Raynard *et al.*, « La fièvre hémorragique de Crimée-Congo, une future problématique de santé en France », *Médecine/sciences*, vol. 37, février 2021, p. 135-140.

9. *Id.*

10. Entretien avec l'auteur le 24 juin 2022.

11. Entretien avec l'auteur le 20 juin 2022.

12. Cléo Bertelsmeier, *Biologie des invasions de fourmis dans un contexte de changement climatique*, thèse de doctorat soutenue en 2013 à l'université de Paris-Saclay dans le cadre de l'École doctorale des sciences du végétal d'Orsay, en partenariat avec le laboratoire Écologie systématique et évolution de Paris-Saclay.

13. Cléo Bertelsmeier est aussi l'auteur de *Les Guerres secrètes des fourmis*, Lausanne, Éd. Favre, 2019.

3. Biodiversité : le silence des moineaux

1. B. David, *À l'aube de la sixième extinction*, *op. cit.*

2. Entretien avec l'auteur le 3 juin 2022.

3. Entretien avec l'auteur le 10 mai 2022.

4. Entretien avec l'auteur le 1er juin 2022. Florian Kirchner est l'auteur de *Faune fragile*, Éd. Oteria, 2021.

5. *Rapport de l'évaluation mondiale de la biodiversité et des services écosystémiques*, IPBES, mai 2019.

6. « Changement climatique : impacts, adaptation et vulnérabilité », GIEC, groupe II, deuxième partie du sixième rapport d'évaluation, 28 février 2022.

7. Rachel Carson, *Printemps silencieux*, Marseille, Wildproject, édition poche, juin 2020.

8. *État de santé des récifs coralliens, herbiers marins et mangroves des outre-mer français*, bilan 2020, Ifrecor, 8 juin 2021.

9. *L'environnement en Île-de-France, diagnostic et enjeux*, Institut Paris Région, édition 2022.

10. *Id.*

11. *Id.*

12. W. Cramer *et al.*, *Changement climatique et environnemental dans le bassin méditerranéen, situation actuelle et risques pour le futur*, premier rapport d'évaluation du MedECC (Mediterranean Experts on Climate and Environmental Change), 2020.

13. *Changement climatique : impacts, adaptation et vulnérabilité*, GIEC, groupe II, sixième rapport d'évaluation, 28 février 2022.

14. A. Zenetos *et al.*, « Established non-indigenous species increased by 40 % in 11 years in the Mediterranean Sea », *Mediterranean Marine Science*, vol. 23, 4 mars 2022.

15. In *À l'aube de la sixième extinction*, *op. cit.*

16. T. Bonnet *et al.*, « Genetic variance in fitness indicates rapid contemporary adaptative evolution in wild animals », *Science*, vol. 376, n° 6596, 26 mai 2022.

17. Entretien avec l'auteur le 22 juin 2022.

18. *Bilan de la loi pour la reconquête de la biodiversité, de la nature et des paysages*, avis du CESE, septembre 2020.

4. La France incendiée

1. Entretien avec l'auteur le 18 mai 2022.

2. *Paris face aux changements climatiques*, Ville de Paris, 1re édition, septembre 2021.

3. Entretien avec l'auteur le 20 juin 2022.

4. Entretien avec l'auteur le 8 juillet 2022.

5. Entretien avec l'auteur le 3 mai 2022.

6. Entretien avec l'auteur le 15 juin 2022.

7. M. Bador *et al.*, « Future summer mega-heatwave and record-breaking temperatures in a warmer France climate », *Environmental Resarch*, Lett. n° 12, 2017.

8. Nils Hempelmann et Adeline Cauchy (Ramboll), *Actualisation du diagnostic de vulnérabilité de Paris aux changements climatiques et à la raréfaction des ressources*, cahier 2 : « Les évolutions climatiques à Paris », Ville de Paris, janvier 2021.

9. *Id.*

10. Entretien avec l'auteur le 20 mai 2022.

11. *Adapter l'Île-de-France à la chaleur urbaine*, Institut d'aménagement et d'urbanisme d'Île-de-France, septembre 2017.

12. Roman Dantec et Jean-Yves Roux, *Adapter la France aux dérèglements climatiques à l'horizon 2050*, rapport d'information du Sénat n° 511, mai 2019.

13. Entretien avec l'auteur le 28 avril 2022.

14. Allocution prononcée le 24 septembre 2022 au 128e congrès de la FNSPF à Nancy.

15. « Un habitant sur sept vit dans un territoire exposé à plus de 20 journées anormalement chaudes par été dans les décennies à venir », *Insee Première*, *op. cit.*

5. La fin des glaciers… et du ski ?

1. « Les bases physiques du changement climatique », GIEC, premier volet du sixième rapport d'évaluation, 9 août 2021.

2. Entretien avec l'auteur le 25 mai 2022.

3. *L'océan et la cryosphère dans le contexte du changement climatique*, rapport spécial du GIEC, septembre 2019 (le résumé est disponible en français sur www.ipcc.ch).

4. *Les Nouvelles Projections climatiques de référence pour la métropole*, Drias 2020, Météo France avec l'appui scientifique du CNRS, du Cerfacs et de l'IPSL.

5. *Le Changement climatique dans les Pyrénées : impacts, vulnérabilité et adaptation*, Observatoire pyrénéen du changement climatique, 2018.

6. H. François *et al.*, « Perspectives d'enneigement dans les stations pyrénéennes de sport d'hiver », *Le Cahier régional d'Occitanie sur les changements climatiques*, 2021.

7. Pierre-Alexandre Métral, *La Montagne désarmée : analyse des trajectoires territoriales des stations abandonnées*, thèse en science du territoire, université de Grenoble-Alpes.

8. Entretien avec l'auteur le 30 mai 2022.

9. P. Spandre, H. François *et al.*, « Winter tourism under climate change in the Pyrenees and the french Alps : relevance of snowmaking as a technical adaptation », *The Cryosphere*, n° 13, p. 1325-1347, 24 avril 2019.

10. *Id.*

11. *Les stations de ski des Alpes du Nord face au réchauffement climatique : une vulnérabilité croissante, le besoin d'un nouveau modèle de développement*, Cour des comptes, rapport public annuel 2018.

6. La sécheresse, fléau du siècle

1. A. Toreti *et al.*, *Drought in Europe, August 2022, GDO Analytical Report*, Office of the European Union, Luxembourg, 2022.

2. Entretien avec l'auteur le 5 mai 2022.

3. Entretien avec l'auteur le 18 mai 2022.

4. J-M. Soubeyroux *et al.*, *Impact du changement climatique en France sur la sécheresse au sol*, rapport final du projet Climsec, direction de la climatologie de Météo France, mai 2011.

5. Entretien avec l'auteur le 15 juin 2022.

6. « Les évolutions climatiques attendues », DREAL Occitanie, 12 février 2014.

7. *Eau et changement climatique : projet Explore 2070*, GT national SAGE, juin 2015.

8. Entretien avec l'auteur le 28 avril 2022.

9. *Garonne 2050, étude prospective sur les besoins et les ressources en eau à l'échelle du bassin de la Garonne*, Agence de l'eau Adour-Garonne, rapport final, décembre 2013.

10. Entretien avec l'auteur le 31 mai 2022.

11. *Changement climatique et assurance : quelles conséquences sur la sinistralité à l'horizon 2050 ?*, Livre blanc Covéa, janvier 2022.

12. Entretien avec l'auteur le 20 juin 2022.

13. *Rapport d'information sur la gestion des conflits d'usage en situation de pénurie d'eau*, Loïc Prud'homme (président) et Frédérique Tuffnell (rapporteure), Assemblée nationale, 4 juin 2020.

14. Julie Roussel, *Un travail prospectif au service de l'adaptation au changement climatique à Paris*, rapport de l'ONERC, 2022.

7. La forêt française en danger

1. Anne-Laure Cattelot, *La Forêt et la filière bois à la croisée des chemins : l'arbre des possibles*, juillet 2020.

2. O. Rakovec *et al.*, « The 2018-2020 multi-year drought sets new benchmark in Europe », https://doi.org/10.1029/2021EF002394

3. Entretien avec l'auteur le 25 mai 2022.

4. Hugues Demeude et Thierry Gadault, *Massacre à la tronçonneuse. Climat, parasites, crise budgétaire… Nos forêts en état d'urgence*, Paris, Le Cherche Midi, 2020.

5. « Changement climatique et dépérissement : pourquoi il faut agir en forêt », ONF, 14 septembre 2022.

6. RECO (Réseau d'expertise sur les changements climatiques en Occitanie), *Cahier régional Occitanie sur les changements climatiques*, édition 2021.

7. Entretien avec l'auteur le 12 mai 2022.

8. M. Esperon-Rodriguez *et al.*, « Climate change increases global risk to urban forests », *Nature Climate Change*, 19 septembre 2022.

9. *Le Figaro*, 21 septembre 2022.

10. *Effets attendus du changement climatique sur l'arbre et la forêt*, cahier du réseau Aforce n° 3254, févier 2022.

11. *Forêt et milieux naturels face aux changements climatiques*, Rendez-vous techniques de l'ONF, hors série n° 3, 2007.

12. *Ibid.*

13. Entretien avec l'auteur le 3 juin 2022.

14. *Daily Science*, 5 novembre 2019.

15. AcclimaTerra, Hervé Le Treut (dir.), *Anticiper les changements climatiques en Nouvelle-Aquitaine*, Éd. Région Nouvelle-Aquitaine, 2018.

16. Entretien avec l'auteur le 3 mai 2022.

17. *L'arbre et la forêt à l'épreuve d'un climat qui change*, ONERC, Paris, La Documentation française, 2015.

18. H. Le Treut (dir.), *Anticiper les changements climatiques en Nouvelle-Aquitaine, op. cit.*

19. A.-L. Cattelot, *La Forêt et la filière bois à la croisée des chemins : l'arbre des possibles, op. cit.*

20. Francis Hallé, *Du bon usage des arbres*, Arles, Actes Sud, 2011.

21. Dans une tribune parue le 21 mars 2020 dans *Le Monde* sous le titre « L'industrie du bois détruit les arbres sans tenir aucun compte des services qu'ils nous rendent ».

8. Pluies, inondations : l'âge des extrêmes

1. *Changement climatique 2021 : les éléments scientifiques*, sixième rapport d'évaluation du GIEC, vol. 1, août 2021.

2. « Heavy rainfall wich led to severe floodin in Western Europe made more likely by climate change », WWA, 23 août 2021.

3. Entretien avec l'auteur le 15 juin 2022.

4. Audition le 6 février 2019 devant les sénateurs de la mission d'information sur la gestion des risques climatiques.

5. Entretien avec l'auteur le 5 mai 2022.

6. Entretien avec l'auteur le 28 avril 2022.

7. *La Métropole Nice Côte d'Azur face aux risques climatiques*, GREC Sud, juin 2021.

8. Entretien avec l'auteur le 31 mai 2022.

9. *Changement climatique et assurance […], op. cit.*

10. *Paris face aux changements climatiques, op. cit.*

11. R. Vautard, F. Habets *et al.*, « Les extrêmes climatiques et les risques associés au changement climatique », *Les Cahiers du GREC francilien*, 2022.

12. Entretien avec l'auteur le 19 mai 2022.

13. B. Bechet *et al.*, GIEC des Pays de la Loire, 1er rapport, juin 2022.

14. *Id.*

15. *Changement climatique et assurance […], op. cit.*

9. À Paris, le spectre de la mégacrue

1. Elle est toujours visible sur https://www.prefectures-regions.gouv.fr/ile-de-france/Documents-publications/Pref-Actualites/2016/Mars/Gestion-des-risques-J-7-avant-EU-SEQUANA-2016

2. *EU Sequana 2016*, exercice zonal de gestion de crise, scénario de crue majeure, préfecture de police de Paris, 2016.

3. Xingying Huang et Daniell L. Swain, « Climate change is increasing the risk of California Megaflood », *Sciences Advances*, 12 août 2022, vol. 8, n° 32.

4. Entretien avec l'auteur le 5 mai 2022.

5. N. Hempelmann et A. Cauchy (Ramboll), *Actualisation du diagnostic de vulnérabilité de Paris aux changements climatiques et à la raréfaction des ressources*, cahier 2 : *Les évolutions climatiques à Paris, op. cit.*

6. Entretien avec l'auteur le 13 mai 2022.

7. https://cartoviz.institutparisregion.fr/?id_appli=zonesinondables&x=653918.560671503&y=6860697.657514631&zoom=4

8. *Id.*

9. *Id.*

10. *Étude de l'OCDE sur la gestion des risques d'inondation : la Seine en Île-de-France 2014*, Éditions OCDE, 2014.

11. *Fragiles métropoles, le temps des épreuves*, Les Cahiers de l'Institut Paris Région, PUF, janvier 2022.

12. *Id.*

10. Le Havre et Bordeaux sous les eaux

1. *L'océan et la cryosphère dans le contexte du changement climatique*, rapport spécial du GIEC, septembre 2019 (le résumé est disponible en français sur www.ipcc.ch).

2. Entretien avec l'auteur le 6 mai 2022.

3. « Modélisation de l'impact du changement climatique sur les dommages assurés dans le cadre du régime Catastrophes naturelles », CCR, décembre 2015.

4. « La prévention des risques littoraux et des tsunamis en France », communiqué du ministère de la Transition écologique, 16 février 2021.

5. Entretien avec l'auteur le 22 juin 2022.

6. https://sealevelrise.brgm.fr/slr/#lng=0.26000 ; lat=46.60430; zoom=5;level=1.0;layer=0

7. Entretien avec l'auteur le 20 mai 2022.

8. *Changement climatique : réalités et impacts pour les habitants du Nord–Pas-de-Calais*, Observatoire du climat Nord–Pas-de-Calais, édition 2014.

9. *Les Risques majeurs calvadosiens*, préfecture du Calvados, juillet 2012.

10. *INSEE Analyse Normandie*, n° 87, 7 décembre 2020.

11. GIEC des Pays de la Loire, 1er rapport, juin 2022.

12. Élie Chevillot-Miot *et al.*, « La vulnérabilité du bâti face au risque de submersion marine : premiers essais de quantification sur l'île de Noirmoutier (Vendée) », *Les Cahiers nantais de l'Institut de géographie et d'aménagement de Nantes Université*, n° 1, 2021.

13. « Les risques littoraux », DREAL Nouvelle-Aquitaine, 26 août 2022.

14. AcclimaTerra, H. Le Treut (dir.), *Anticiper les changements climatiques en Nouvelle-Aquitaine*, *op. cit.*

15. https://www.nouvelle-aquitaine.developpement-durable.gouv.fr/rapport-et-cartographie-des-aleas-et-des-risques-a580.html

16. Entretien avec l'auteur le 20 juin 2022.

17. Chapitre sur la région méditerranéenne dans le deuxième volet du sixième rapport d'évaluation du GIEC paru le 28 février 2022.

18. W. Cramer *et al.*, *Changement climatique et environnemental dans le bassin méditerranéen, situation actuelle et risques pour le futur*, premier rapport d'évaluation du MedECC, 2020.

19. Entretien avec l'auteur le 12 juillet 2022.

20. L. Reiman *et al.*, « Mediterranean Unesco heritage at risk from costal flooding and erosion to sea-level rise », *Nature Communications*, 9, 2018.

21. *Plan de gestion des risques d'inondation du bassin Rhône-Méditerranée*, DREAL Rhône-Alpes, mars 2015.

22. *Caractérisation de l'aléa de submersion marine sur le périmètre régional PACA*, rapport final, janvier 2017.

23. *Stratégie locale du risque d'inondation*, département et préfecture des Alpes-Maritimes, octobre 2016.

24. *La métropole Nice-Côte d'Azur face aux risques climatiques*, GREC Sud, juin 2021.

25. *Étude complémentaire sur l'impact des tempêtes sur le littoral de la plaine orientale de Corse*, BRGM, rapport final, septembre 2011.

26. *Les Événements météorologiques extrêmes dans un contexte de changement climatique*, ONERC, Paris, La Documentation française, 2018.

11. Le grand recul des côtes

1. *Développer la connaissance et l'observation du trait de côte. Contribution nationale pour une gestion intégrée*, ministère de l'Écologie, du Développement durable et de l'Énergie, janvier 2015.

2. Entretien avec l'auteur le 22 juin 2022.

3. Entretien avec l'auteur le 6 mai 2022.

4. *Développer la connaissance et l'observation du trait de côte, op. cit.*

5. *Impacts du changement climatique dans le domaine de l'eau sur les bassins Rhône-Méditerranée. Bilan actualisé des connaissances*, Agence de l'eau Rhône-Méditerranée-Corse, novembre 2017.

6. *Dynamique des systèmes littoraux et des milieux marins côtiers, zoom sur le littoral du Languedoc-Roussillon*, BRGM, projet Explore 2070, octobre 2012.

7. *Schéma régional de l'air, du climat et de l'énergie Languedoc-Roussillon*, avril 2013.

8. *Id.*

9. *Le Littoral dans le contexte du changement climatique*, ONERC, Paris, La Documentation française, 2015.

10. *Évaluation des enjeux potentiellement atteints par le recul du trait de côte*, Cerema, mai 2019.

11. *Le Littoral dans le contexte du changement climatique*, ONERC, *op. cit.*

12. *Submersion marine et érosion côtière. Connaître, prévenir et gérer les risques naturels littoraux sur la façade atlantique, Ceser de l'Atlantique*, septembre 2015.

13. *Développer la connaissance et l'observation du trait de côte, op. cit.*

14. Entretien avec l'auteur le 12 juillet 2022.

15. *Les Solutions fondées sur la nature pour les risques littoraux en France*, Comité français de l'UICN, Paris, juillet 2022.

16. *Quel littoral pour demain ? Vers un nouvel aménagement des territoires côtiers adapté au changement climatique*, rapport parlementaire remis au Premier ministre, octobre 2019.

17. *L'adaptation au changement climatique sur le littoral français*, La Fabrique écologique, juillet 2019.

18. *Le Monde*, 11 août 2022.

19. *L'adaptation au changement climatique sur le littoral français, op. cit.*

20. *Gestion du trait de côte et recomposition du littoral sur la « côte ouest » de Vias*, chambre régionale des comptes d'Occitanie, rapport d'observation définitif, 2021.

12. Alerte rouge sur la « ferme France »

1. Entretien avec l'auteur le 4 mai 2022.

2. *Le Dauphiné libéré*, 13 août 2022.

3. *Changement climatique, eau, agriculture : quelles trajectoires d'ici 2050 ?*, rapport CGEDD n° 012819-01, CGAAER n° 19056, juillet 2020.

4. Entretien avec l'auteur le 3 mai 2022.

5. Entretien avec l'auteur le 3 mai 2022.

6. *Changement climatique, eau, agriculture : quelles trajectoires d'ici 2050 ? op. cit.*

7. Entretien avec l'auteur le 24 juin.

8. *Les Nouvelles Techniques de sélection végétale en 2021 : avantages, limites, acceptabilité.*

9. *Le Monde*, 14 août 2022.

10. *Changement climatique, eau, agriculture : quelles trajectoires d'ici 2050 ?, op. cit.*

11. Entretien avec l'auteur le 2 septembre 2022.

12. Pierre-Marie Aubert, *Une Europe agroécologique en 2050 : un scénario crédible, un débat à approfondir*, Iddri, 17 septembre 2018.

13. *Faire du défi climatique une opportunité pour l'agriculture*, FNSEA, rapport d'orientation 2020.

13. Révolution dans nos assiettes

1. *Alimentation, le guide du consommateur en 2050*, Livre blanc Alcimed, juillet 2020.

2. Entretien avec l'auteur le 29 juin 2022.

3. Entretien avec l'auteur le 13 juin 2022.

4. Christian Rémésy, *La Nutriécologie, le seul futur alimentaire possible*, Vergèze, Thierry Souccar Éditions, 2020.

5. In *Magazine de l'Inserm* n° 47, juillet 2020, p. 30-39.

6. C. Barbier *et al.*, *Étude prospective du système alimentaire et de son empreinte énergétique et carbone*, juin 2022.

7. Walter Willett *et al.*, *Food in the Anthropocene : the EAT-Lancet Commission on Healthy Diets from Sustainable Food Systems*, 16 janvier 2019. https://doi.org/10.1016/S0140-6736(18)31788-4

8. Entretien avec l'auteur le 2 septembre 2022.

9. https://afterres2050.solagro.org

10. In *État des lieux des pertes et gaspillages alimentaires*, Ademe, 2016.

11. Entretien avec l'auteur le 3 mai 2022.

12. Florence Burgat, *L'Humanité carnivore*, Paris, Seuil, 2017.

13. Entretien avec l'auteur le 24 juin 2022. Frédéric Wallet est le coauteur avec Isabelle Brokman de *Manger demain* (Paris, Tana

Éditions, 2021) et avec Patrick Philipon et Yuna Chiffoleau de *Et si on mangeait local ?* (Versailles, Éditions Quæ, 2017).

14. *Id.*

15. « La "viande *in vitro*" : cultiver des cellules musculaires à destination alimentaire », Centre d'études et de prospective du ministère de l'Agriculture et de l'Alimentation, note n° 164, mai 2021.

14. La Bretagne, futur eldorado du vin

1. Lee Hannah *et al.*, *Climate Change, Wine and Conservation*, National Academy of Sciences, PNAS, 23 avril 2013, vol. 110, n° 17, p. 6907-6912. www.pnas.org/lookup/suppl/doi:10.1073/pnas.1210127110/-/DCSupplemental

2. Entretien avec l'auteur le 17 mai 2022.

3. Entretien avec l'auteur le 3 juin 2022.

4. P. Darriet *et al.*, *Quels impacts attendus du changement climatique sur les composés aromatiques et leurs précurseurs ?*, Troisièmes assises des vins du Sud-Ouest, IFV, Toulouse, 14 janvier 2016.

5. V. Laramée de Tannenberg et Y. Leers, *Menace sur le vin*, Paris, Buchet-Chastel, 2015.

Conclusion

1. Entretien avec l'auteur le 28 avril 2022.

2. Rapport annuel 2022 : *Dépasser les constats, mettre en œuvre les solutions,* Haut Conseil pour le climat, juin 2022.

3. Entretien avec l'auteur le 3 juin 2022.

4. Entretien avec l'auteur le 20 juin 2022.

5. Entretien avec l'auteur le 18 mai 2022.

Bibliographie

Pierre-Marie Aubert et Xavier Poux, *Demain, une agriculture agroécologique*, Arles, Actes Sud, 2021.

Cléo Bertelsmeier, *Les Guerres secrètes des fourmis*, Lausanne, Favre, 2019.

Jean-Pierre Besancenot, *Climat et santé*, Paris, PUF, 2015.

Florence Burgat, *L'Humanité carnivore*, Paris, Seuil, 2017.

Rachel Carson, *Printemps silencieux*, Marseille, Wildproject, édition poche, juin 2020.

Erwan Cordeau *et al.*, *Les Îlots de chaleur urbains*, Paris, IAU Île-de-France, 2010.

Bruno David, *À l'aube de la sixième extinction*, Paris, Grasset, 2021.

Bruno David et Guillaume Lecointre, *Le Monde vivant*, Paris, Grasset, 2022.

Bruno David *et al.*, *La Terre, le vivant, les humains. Petites et grandes découvertes de l'histoire naturelle*, Paris, La Découverte/Muséum national d'histoire naturelle, 2022.

Hugues Demeude et Thierry Gadault, *Massacre à la tronçonneuse. Climat, parasites, crise budgétaire… Nos forêts en état d'urgence*, Paris, Le Cherche midi, 2020.

Jean-Luc Dupuy *et al.*, *Feux de végétation. Comprendre leur diversité et leur évolution*, Versailles, Éditions Quæ, 2022.

Hugues François *et al.*, *Les Stations de sport d'hiver face au développement durable*, Paris, L'Harmattan, 2010.

Hugues François *et al.*, *Fin (?) et confins du tourisme*, Paris, L'Harmattan, 2013.

Ludovic Faytre, *Fragiles métropoles, le temps des épreuves*, Les Cahiers de l'Institut Paris Région, PUF, 2022.

Jean Giono, *L'homme qui plantait des arbres*, Paris, Gallimard, coll. « Blanche », 1996 et Gallimard Jeunesse, coll. « Folio cadet », 2022.

Florence Habets *et al.*, *La Loi sur l'eau de 1963, bilans et perspectives*, Paris, Éd. Johanet, 2015.

Francis Hallé, *Du bon usage des arbres*, Arles, Actes Sud, 2011.

Jean Jouzel et Baptiste Denis, *Climat, parlons vrai*, Paris, Éd. François Bourin, 2020.

Jean Jouzel et Pierre Larrouturou, *Pour éviter le chaos climatique et financier*, Paris, Odile Jacob, 2017.

Florian Kirchner, *Faune fragile*, Éd. Oteria, 2021.

Valéry Laramée de Tannenberg et Yves Leers, *Menace sur le vin*, Paris, Buchet Chastel, 2015.

Serge Morand, *La Prochaine Peste*, Paris, Fayard, 2016.

Jean-François Doussin (dir.), *Tout comprendre (ou presque) sur le climat*, Paris, CNRS Éditions, 2022.

Bruno Parmentier, *Faim zéro, en finir avec la faim dans le monde*, Paris, La Découverte, 2014.

Bruno Parmentier, *Manger tous et bien*, Paris, Seuil, 2011.

Michel Petit, Aline Chabreuil (dir.), *Climat, une planète et des hommes*, Paris, Le Cherche midi, 2011.

Christian Rémésy, *La Nutriécologie, le seul futur alimentaire possible*, Vergèze, Thierry Souccar Éditions, 2020.

Frédéric Wallet et Isabelle Brokman, *Manger demain*, Paris, Tana Éditions, 2021.

Frédéric Wallet, Yuna Chiffoleau et Patrick Philipon, *Et si on mangeait local ?*, Versailles, Éditions Quæ, 2017.

Crédits

P. 14 © Julien Tredan-Turini/Universcience 2015.

P. 20 © ING, BD Carto. Sources : MTES, Gaspar, 2017 – Insee, RP 2014. Traitement SDES 2019.

P. 22 et 23 © Drias 2020/Météo France, CNRM, IPSL, Cerfacs.

P. 28 et 29 © Drias 2020/Météo France, CNRM, IPSL, Cerfacs.

P. 39 © LP/Infographie.

P. 40-43 (moustique) © Shutterstock/Suz7. © Direction générale de la santé

P. 47 © IN© INRAE/Pascale Inzerillo.

P. 56-57 © Olivier Debuf, OFB. Sources : ONB 2021.

P. 60 © UICN Comité français, OFB & MNHM (2020). Conception graphique Nacha Bigan.

P. 74-75 © Drias-2020/Météo France, CNRM, IPSL, Cerfacs.

P. 78-79 © Drias-2020/Météo France, CNRM, IPSL, Cerfacs.

P. 80 © LP/Infographie.

P. 84-85 © Météo France – tous droits réservés.

P. 94-95 © ESA. Sources : Zempe et a. (2019) Nature, World Glacier monitoring service.

P. 98-99 © Drias-2020/Météo France, CNRM, IPSL, Cerfacs.

P. 104 © CNRM (UMR Météo France/CNRS) /Univ. Grenoble Alpes-INRAE, réalisation Météo France DCSC. Auteurs : Hugues François, Samuel Morin et Raphaëlle Samacoïts. Sources : Eudem (Copernicus), Natural Earth.

P. 113 © MTEC/DGALN/DEB/EARM3, 11/10/2022

P. 116-117 © Drias-2020/Météo France, CNRM, IPSL, Cerfacs.

P. 122 © BRGM. Traitement SDES 2021

P. 123 © Covéa/RiskWeatherTech.

P. 136-137 © Julien Tredan-Turini. Source : INRAE.

P. 143 © Association Water Family.

P. 150 © Philippe Dos/Météo France tous droits réservés.

P. 152-153 © Covéa/RiskWeatherTech.

P. 158 © LP/Infographie.

P. 167 © Institut Paris Région/S.Carrage. Source : DRIEAT Île-de-France.

P. 172 © Institut Paris Région/S.Carrage. Source : DRIEAT Île-de-France.

P. 181 © Julien Tredan-Turini. Source : BRGM.

P. 187 © BRGM.

P. 195 © Cerema/François Hédou. Sources : indicateur national de l'érosion côtière (Cerema et MTES), Bd-Admin Express (IGN).

P. 199 © LP/Infographie. Source : Ifremer.

P. 216 © Julien Tredan-Turini. Source : scénario « Pulse fiction », WWF, 2019.

P. 227 © LP/Infographie. Source : CNRS-CIRED-INRAE-Solagro-Cirad.

P. 247 © *Sciences et avenir*, 2015. Source : Conservation internationale/PNAS/INRA.0

P. 253 © LP/Infographie. Source : Agence européenne de l'environnement.

Remerciements

J'adresse mes plus vifs remerciements aux scientifiques et aux experts qui ont répondu avec passion (et patience) à mes questions. Je tiens à exprimer ma gratitude à Bruno David, Robert Vautard, Jean-Michel Soubeyroux et Samuel Morin, Florence Habets et Fabio d'Andrea, Jean-Luc Dupuy, Hugues François, Vincent Badeau, Frédéric Wallet et Nathalie Ollat, Serge Morand et Jonathan Lenoir, Stéphane Costa et Bruno Castelle, Jean Jalbert, Jeanne Brugère-Picoux, Mathilde Pascale et Florian Kirchner, Ludovic Faytre et Erwan Cordeau. Merci encore au lieutenant-colonel Manenc des sapeurs-pompiers de l'Hérault, Olivier Dauger de la FNSEA, Christian Couturier de l'association Solagro et Thierry Desseauve, grand connaisseur des vins de France et d'ailleurs. Pardon pour tous ceux que je n'ai pas la place ici de mentionner.

Je remercie Météo France, l'INRAE, le BRGM, l'Institut Paris Région, l'UICN, Covea et RiskWeatherTech, le Cerema, l'OFB, la Cité des Sciences, l'association Water Family, le ministère de la Transition écologique et *Le Parisien-Aujourd'hui en France* qui ont autorisé la reproduction des cartes et des infographies.

Merci enfin à Julien Tredan-Turini pour la qualité de ses illustrations et à Alexandre Wickham pour la confiance qu'il m'a témoignée tout au long de ce projet.

Du même auteur

Comment la mafia du tabac nous manipule,
Flammarion, 2015.

Ultra ecologicus,
Flammarion, 2022.

Retrouvez toute l'actualité des éditions Albin Michel
sur notre site albin-michel.fr
et suivez-nous sur les réseaux sociaux !
Instagram : editionsalbinmichel
Facebook : Éditions Albin Michel
Twitter : AlbinMichel

Composition : Nord Compo
Impression : Liberduplex en janvier 2023
Éditions Albin Michel
22, rue Huyghens, 75014 Paris
www.albin-michel.fr
ISBN : 978-2-226-47888-7
N° d'édition : 25211/01
Dépôt légal : mars 2023
Imprimé en Espagne